国家电网公司电力安全工作规程

（电网建设部分）（试行）

国家电网公司 发布

中国电力出版社
CHINA ELECTRIC POWER PRESS

图书在版编目（CIP）数据

国家电网公司电力安全工作规程. 电网建设部分：试行 / 国家电网公司发布. —北京：中国电力出版社，2016.3（2018.9 重印）

ISBN 978-7-5123-9042-3

Ⅰ. ①国…　Ⅱ. ①国…　Ⅲ. ①电力工业-安全规程-中国②电网-电力工程业-安全规程-中国　Ⅳ. ①TM08-65 ②TM727-65

中国版本图书馆 CIP 数据核字（2016）第 046714 号

中国电力出版社出版、发行

（北京市东城区北京站西街 19 号　100005　http://www.cepp.sgcc.com.cn）

北京时捷印刷有限公司印刷

*

2016 年 3 月第一版　　2018 年 8 月北京第十七次印刷

850 毫米×1168 毫米　32 开本　6.5 印张　164 千字

印数 235001—245000 册　　定价 **20.00** 元

国家电网公司关于印发《国家电网公司电力安全工作规程（电网建设部分）》（试行）的通知

国家电网安质〔2016〕212号

总部各部门、各分部，公司各单位：

为满足电网建设安全生产需要，规范施工作业组织和施工作业人员行为，公司组织修编了《国家电网公司电力安全工作规程（电网建设部分）》（试行）（以下简称《安规》，由电力出版社发行），现予以印发，自印发之日起执行。原《国家电网公司电力建设安全工作规程（变电站部分）》（Q/GDW 665—2011）废止。公司提出如下要求，请抓好贯彻落实。

一、《安规》是保证电网建设施工人身、电网和设备安全最基本的要求，公司所有员工以及参与公司电网工程建设的相关人员，必须严格遵守。对于不执行《安规》规定违章作业的，要严肃查处。

二、各单位要采取多种形式，常态开展《安规》的培训，将其纳入开复工准备、安全日活动、春（秋）季安全检查、隐患排查治理、安全考试等的必备内容，使各级电网工程建设、施工、监理单位管理和一线人员掌握好、理解好、执行好本《安规》。

三、在《安规》试行期间，各单位要注意收集基层单位在执行过程中存在的问题和有关建议，尤其要收集施工新工艺、新方法、新设施方面的安全要求和措施，及时向国网安质部反馈，以便公司补充完善《安规》。

四、当前，各单位要组织做好《安规》的征订工作，使之尽快配置到基建管理、安全监督等部门，以及电网工程建管、施工、监理单位，方便电网工程建设相关人员学习使用；同时，配合工程复工，分层分级开展一次《安规》的专题学习活动，强化安全意识。

联系人：王军亮，010-66597789，junliang-wang@sgcc.com.cn

国家电网公司（印）

2016年3月9日

目　录

第二篇 变电（换流）站部分

第三篇 线路部分

第一篇

通用部分

1 总 则

1.1 为贯彻执行“安全第一、预防为主、综合治理”的安全工作方针，坚持以人为本、安全发展，加强公司电网建设施工现场安全管理，落实安全责任，规范人员行为，保障施工作业安全，依据国家有关法律、法规，结合电网建设实际，制定本规程。

1.2 参建单位管理人员、现场作业人员应遵守并严格执行本规程。

1.3 任何人发现有违反本规程的情况，应立即制止，经纠正后方可恢复作业。作业人员有权拒绝违章指挥和强令冒险作业；在发现直接危及人身、电网和设备安全的紧急情况时，有权停止作业。

1.4 在试验和推广新技术、新工艺、新设备、新材料的同时，应制定相应的安全技术措施，经本单位分管领导批准后执行。

1.5 参建单位可根据本规程的规定，结合本单位及工程的特点，编制专项实施细则或补充规定，经本单位分管领导批准后执行。

1.6 本规程适用于公司系统 35kV 及以上新（扩、改）建及公司所属单位承揽的公司系统以外的电网工程。35kV 以下电网工程及境外电网工程可参照执行。

2 基 本 要 求

2.1 分部分项工程开始作业条件

2.1.1 相关的施工项目经理、项目总工程师、技术员、安全员、施工负责人、作业负责人、监理人员、特种作业人员、特种设备作业人员及其他作业人员应经安全培训合格并到岗到位。

2.1.2 安全施工方案编制完成并交底。

2.1.3 相关机械、工器具应经检验合格，通过进场检查，安全防护设施及防护用品配置齐全、有效。

2.1.4 有施工分包的，施工承包单位应与分包单位签订合同和安全协议，且劳务分包单位已与其被派遣劳务人员签订劳动合同。

2.1.5 开工前，应编制完成工程安全管理及风险控制方案，识别评估施工安全风险，制定风险控制措施。

2.2 作 业 人 员

2.2.1 应身体健康，无妨碍工作的病症，体格检查至少两年一次。

2.2.2 应经相应的安全生产教育和岗位技能培训、考试合格，掌握本岗位所需的安全生产知识、安全作业技能和紧急救护法。

2.2.3 应接受本规程培训，按工作性质掌握相应内容并经考试合格，每年至少考试一次。

2.2.4 特种作业人员、特种设备作业人员应按照国家有关规定，取得相应资格，并按期复审，定期体检。

2.2.5 进入现场的其他人员（供应商、实习人员等）应经过安全生产知识教育后，方可进入现场参加指定的工作，并且不得单独工作。

2.2.6 涉及新技术、新工艺、新设备、新材料的项目人员，应进行专门的安全生产教育和培训。

2.2.7 作业人员应被告知其作业现场和工作岗位存在的危险因素、防范措施及事故应急措施。

2.2.8 作业人员应严格遵守现场安全作业规章制度和作业规程，服从管理，正确使用安全工器具和个人安全防护用品。

2.2.9 发现安全隐患应妥善处理或向上级报告；发现直接危及人身、电网和设备安全的紧急情况时，应立即停止作业或在采取必要的应急措施后撤离危险区域。

2.3 施 工 分 包

2.3.1 施工分包应依据施工承包合同的约定，或经业主批准。

2.3.2 分包单位资质应符合国家、行业相关要求，不得超越资质范围承揽工程。

2.3.3 应同时签订分包合同及安全协议。

2.3.4 专业分包单位的施工机械、工器具等应经承包单位和监理入场检查合格，方可进场，现场人员应经验证。

2.3.5 专业分包单位应开展安全教育培训，应提前将参与施工的所有人员培训考核情况书面提交承包单位审核认可，或经承包单位复训考核。

2.3.6 专业分包工程的重要临时设施、重要施工工序、特殊作业、危险作业项目以及危险性较大的分部分项工程作业时，承包单位应派员监督。

2.3.7 劳务分包人员安全教育培训纳入承包单位统一管理。

2.3.8 劳务分包人员不得独立承担重要临时设施、重要施工工序、特殊作业、危险作业以及危险性较大的分部分项工程施工。

2.4 安 全 施 工 方 案

2.4.1 一般规定

2.4.1.1 安全施工方案包括作业指导书、施工方案的安全技术管理内容及专项安全施工方案。

2.4.1.2 重要临时设施、重要施工工序、特殊作业、危险作业应编制专项安全施工方案。

2.4.1.3 危险性较大的分部分项工程，应编制专项安全施工方案并附安全验算结果。

2.4.1.4 超过一定规模的危险性较大的分部分项工程，编制的专项安全施工方案应经专家论证、审查。

2.4.2 编审批及交底

2.4.2.1 作业指导书应由施工单位组织编制并发布。

2.4.2.2 施工方案由施工项目部技术人员编制，并经安全、质量管理人员、技术负责人或施工单位技术管理人员审核，施工单位技术负责人批准。

2.4.2.3 专项安全施工方案应由项目部技术负责人组织编制，并经施工单位技术、质量、安全等管理部门审核，施工单位技术负责人批准。

2.4.2.4 专业分包单位编制的作业指导书或专项安全施工方案应经施工承包单位审核。

2.4.2.5 交底应由编制人负责完成。

2.4.3 变更

安全施工方案如需变更，应重新履行审批手续，并组织交底。

2.5 作业现场安全组织措施

2.5.1 保证作业现场安全的组织措施

a） 作业风险识别、评估、预警。

b） 安全施工作业票（以下简称作业票）。

c） 作业开工。

d） 作业监护。

e） 作业间断、转移、终结。

2.5.2 作业风险识别、评估、预警

2.5.2.1 作业票签发人或作业负责人在作业前应组织开展作业风险动态评估，确定作业风险等级。

2.5.2.2 作业前，应通过改善人、机、料、法、环等要素，降低施工作业风险。作业中，采取组织、技术、安全和防护等措施控制风险。

2.5.2.3 当作业风险因素发生变化时，应重新进行风险动态评估。

2.5.2.4 风险动态评估中，对固有或动态评估风险等级为三级及以上的作业，应组织作业现场勘察，并填写现场勘察记录（参见附录A），现场勘察应满足下列要求：

a） 现场勘察应由作业票签发人或作业负责人组织，安全、技术等相关人员参加。

b） 现场勘察应察看施工作业现场周边有无影响作业的建构筑物、地下管线、邻近设备、交叉跨越及地形、地质、气象等作业现场条件以及其他影响作业的风险因素，并提出安全措施和注意事项。

c） 现场勘察后，现场勘察记录应送交作业票签发人、作业负责人及相关各方，作为填写、签发作业票等的依据。

d） 作业票签发人或作业负责人在作业前应重新核对现场勘察情况，发现与原勘察情况有变化时，应及时修正、完善相应的安全措施。

2.5.2.5 四级及以上风险作业项目应发布风险预警。

2.5.2.6 近电作业安全管控

作业人员或机械器具与带电设备的最小距离小于表1中的控制值，施工项目部应进行现场勘察，编写安全施工方案，并将安全施工方案提交运维单位备案。

表 1　作业人员或机械器具与带电线路风险控制值

电压等级 kV	控制值 m	电压等级 kV	控制值 m
≤10	4.0	±50 及以下	6.5
20～35	5.5	±400	11.0
66～110	6.5	±500	13.0
220	8.0	±660	15.5
330	9.0	±800	17.0
500	11.0		
750	14.5		
1000	17.0		

注 1：塔吊、混凝土泵车、挖掘机等施工机械作业，应考虑施工机械回转半径对安全距离的影响。

注 2：变电站内邻近带电线路（含站外线路）的施工机械作业，也应注意识别施工机械回转半径引起的安全风险。

2.5.3　作业票

2.5.3.1　选用

施工作业前，二级及以下风险的施工作业填写输变电工程安全施工作业票 A（简称作业票 A，参见附录 B），三级及以上风险的施工作业填写输变电工程安全施工作业票 B（简称作业票 B，参见附录 C）。

2.5.3.2　填写与使用

2.5.3.2.1　作业票由作业负责人填写，安全、技术人员审核，作业票 A 由施工队长签发，作业票 B 由施工项目经理签发。一张作业票中，作业负责人、签发人不得为同一人。

2.5.3.2.2　作业票采用手工方式填写时，应用黑色或蓝色的钢笔或水笔填写和签发。作业票上的时间、工作地点、主要内容、主要风险等关键字不得涂改。

2.5.3.2.3 用计算机生成或打印的作业票应使用统一的票面格式，由作业票签发人审核，手工或电子签发后方可执行。

2.5.3.2.4 作业票签发后，作业负责人应按照作业票要求，提前做好作业前的准备工作。

2.5.3.2.5 一个作业负责人同一时间只能使用一张作业票。

2.5.3.2.6 一张作业票可用于不同地点、同一类型、依次进行的施工作业。

2.5.3.2.7 若作业人员较多，可指定专责监护人，并单独进行安全交底。

2.5.3.2.8 已签发或批准的作业票应由作业负责人收执，签发人宜留存备份。

2.5.3.2.9 作业票有破损不能继续使用时，应补填新的作业票，并重新履行签发手续。

2.5.3.2.10 作业按规定需要同时使用工作票时，工作票应经签发、许可，与作业票同时使用。

2.5.3.3 变更

2.5.3.3.1 施工周期超过一个月或一项施工作业工序已完成、重新开始同一类型其他地点的作业，应重新审查安全措施和交底。

2.5.3.3.2 需要变更作业成员时，应经作业负责人同意，在对新的作业人员进行安全交底并履行确认签字手续后，方可进行工作。

2.5.3.3.3 作业负责人若因故暂时离开工作现场时，应指定能胜任的人员临时代替，离开前应将工作交待清楚，并告知作业班成员。原工作负责人返回工作现场时，也应履行同样的交接手续。

2.5.3.3.4 作业负责人允许变更一次，并经签发人同意；变更后，原、现作业负责人应对工作任务和安全措施进行交接，并告知全部作业人员。

2.5.3.3.5 变更作业负责人或增加作业任务，若作业票签发人无法当面办理，应通过电话联系，并在作业票备注栏内上注明需要变更作业负责人姓名和时间。

2.5.3.3.6 作业现场风险等级等条件发生变化，应完善措施，重新办理作业票。

2.5.3.4 有关人员条件

2.5.3.4.1 作业票签发人是负责该项作业的安全责任人，由施工队长或项目经理担任，名单经其单位考核、批准并公布。

2.5.3.4.2 作业票审核人应由熟悉人员技术水平、现场作业环境和流程、设备情况及本规程，并具有相关工作经验的工程安全技术人员担任，名单经其单位考核、批准并公布。

2.5.3.4.3 作业负责人应由有专业工作经验、熟悉现场作业环境和流程、工作范围的人员担任，名单经施工项目部考核、批准并公布。

2.5.3.4.4 专责监护人应由具有相关专业工作经验，熟悉现场作业情况和本规程的人员担任。

2.5.3.4.5 专业分包单位的作业票签发人、作业票审核人、作业负责人的名单经分包单位批准公布后报承包单位备案。

2.5.3.5 有关人员责任

2.5.3.5.1 作业票签发人：

a） 确认施工作业的安全性。

b） 确认作业风险识别准确性。

c） 确认作业票所列安全措施正确完备。

d） 确认所派作业负责人和作业人员适当、充足。

2.5.3.5.2 作业票审核人：

a） 审核作业风险识别准确性。

b） 审核作业安全措施及危险点控制措施是否正确、完备。

c） 审核施工作业的方法和步骤是否正确、完备。

d） 督促并协助施工负责人进行安全技术交底。

2.5.3.5.3 作业负责人（监护人）：

a） 正确组织施工作业。

b） 检查作业票所列安全措施是否正确完备，是否符合现场实际条件，必要时予以补充完善。

c） 施工作业前，对全体作业人员进行安全交底及危险点告知，交待安全措施和技术措施，并确认签字。

d） 组织执行作业票所列由其负责的安全措施。

e） 监督作业人员遵守本规程、正确使用劳动防护用品和安全工器具以及执行现场安全措施。

f） 关注作业人员身体状况和精神状态是否出现异常迹象，人员变动是否合适。

2.5.3.5.4 专责监护人：

a） 明确被监护人员和监护范围。

b） 作业前，对被监护人员交待监护范围内的安全措施、告知危险点和安全注意事项。

c） 检查作业场所的安全文明施工状况，督促问题整改，监督被监护人员遵守本规程和执行现场安全措施，及时纠正被监护人员的不安全行为。

2.5.3.5.5 作业人员：

a） 熟悉作业范围、内容及流程，参加作业前的安全交底，掌握并落实安全措施，明确作业中的危险点，并在作业票上签字。

b） 服从作业负责人、专责监护人的指挥，严格遵守本规程和劳动纪律，在指定的作业范围内工作，对自己在工作中的行为负责，互相关心工作安全。

c） 正确使用施工机具、安全工器具和劳动防护用品，并在使用前进行外观完好性检查。

2.5.3.5.6 监理：

a） 参与安全动态风险识别，审查风险控制措施的有效性。

b） 负责作业过程中的巡视、监督。

c） 及时纠正作业人员存在的不安全行为。

2.5.3.5.7 业主项目部经理：

a） 审查四级及以上风险控制措施的有效性，并进行全过程监督。

b） 必要时协调解决现场存在的安全风险和隐患。

2.5.4 作业开工

2.5.4.1 作业票签发后，作业负责人应向全体作业人员交待作业任务、作业分工、安全措施和注意事项，告知风险因素，并履行签名确认手续后，方可下达开始作业的命令；作业负责人、专责监护人应始终在工作现场。其中作业票B由监理人员现场确认安全措施，并履行签名许可手续。

2.5.4.2 多日作业，作业负责人应坚持每天检查、确认安全措施，告知作业人员安全注意事项，方可开工。

2.5.5 作业监护

2.5.5.1 作业负责人在作业过程中监督作业人员遵守本规程和执行现场安全措施，及时纠正不安全行为。

2.5.5.2 应根据现场安全条件、施工范围和作业需要，增设专责监护人，并明确其监护内容。

2.5.5.3 专责监护人不得兼做其他工作，临时离开时，应通知作业人员停止作业或离开作业现场。专责监护人需长时间离开作业现场时，应由作业负责人变更专责监护人，履行变更手续，告知全体被监护人员。

2.5.6 作业间断、转移、终结

2.5.6.1 遇雷、雨、大风等情况威胁到人员、设备安全时，作业负责人或专责监护人应下令停止作业。

2.5.6.2 每天收工或作业间断，作业人员离开作业地点前，应做好安全防护措施，必要时派人看守，防止人、畜接近挖好的基坑等危险场所，恢复作业前应检查确认安全保护措施完好。

2.5.6.3 使用同一张作业票依次在不同作业地点转移作业时，应重新识别评估风险，完善安全措施，重新交底。

2.5.6.4 作业完成后，应清扫整理作业现场，作业负责人应检查作业地点状况，落实现场安全防护措施，并向作业票签发人汇报。

2.5.6.5 作业票应保存至工程项目竣工。

3 施 工 现 场

3.1 一 般 规 定

3.1.1 施工总平面布置应符合国家消防、环境保护、职业健康等有关规定。

3.1.2 施工现场的排水设施应全面规划（含设计、施工要求）。

3.1.3 进入施工现场的人员应正确佩戴安全帽，根据作业工种或场所需要选配个体防护装备。禁止施工作业人员穿拖鞋、凉鞋、高跟鞋，以及短裤、裙子等进入施工现场。禁止酒后进入施工现场。与施工无关的人员未经允许不得进入施工现场。

3.1.4 施工现场敷设的力能管线不得随意切割或移动。如需切割或移动，应事先办理审批手续。

3.1.5 施工现场应按规定配置和使用施工安全设施。设置的各种安全设施不得擅自拆、挪或移作他用。如确因施工需要，应征得该设施管理单位同意，并办理相关手续，采取相应的临时安全措施，事后应及时恢复。

3.1.6 施工现场及周围的悬崖、陡坎、深坑、高压带电区等危险场所均应设可靠的防护设施及安全标志；坑、沟、孔洞等均应铺设符合安全要求的盖板或设可靠的围栏、挡板及安全标志。危险场所夜间应设警示灯。

3.1.7 施工现场应编制应急现场处置方案，配备应急医疗用品和器材等，施工车辆宜配备医药箱，并定期检查其有效期限，及时更换补充。

3.2 道 路

3.2.1 施工现场的道路应坚实、平坦，车道宽度和转弯半径应结合线路施工现场道路或变电站进站和站内道路设计，并兼顾施工和大件设备运输要求。线路施工便道应保持畅通、安全、可靠。

3.2.2 现场道路不得任意挖掘或截断，确需开挖时，应事先征得现场负责人的同意并限期修复。开挖期间应采取铺设过道板或架设便桥等保证安全通行的措施。

3.2.3 现场道路跨越沟槽时应搭设牢固的便桥，经验收合格后方可使用。人行便桥的宽度不得小于1m，手推车便桥的宽度不得小于1.5m，汽车便桥的宽度不得小于3.5m。便桥的两侧应设有可靠的栏杆，并设置安全警示标志。

3.2.4 现场的机动车辆应限速行驶，行驶速度一般不得超过15km/h；机动车在特殊地点、路段或遇到特殊情况时的行驶速度不得超过5km/h；并应在显著位置设置限速标志。

3.2.5 机动车辆行驶沿途应设交通指示标志，危险区段应设“危险”或“禁止通行”等安全标志，夜间应设警示灯。场地狭小、运输繁忙的地点应设临时交通指挥。

3.3 临 时 建 筑

3.3.1 施工现场使用的办公用房、生活用房、围挡等临时建筑物的设计、安装、验收、使用与维护、拆除与回收按JGJ/T 188《施工现场临时建筑物技术规范》的有关规定执行。

3.3.2 临时建筑物工程竣工后应经验收合格方可使用。

3.3.3 临时建筑物应根据当地气候条件，采取抵御风、雪、雨、雷电等自然灾害的措施，使用过程中应定期进行检查维护。

3.3.4 施工用金属房。

3.3.4.1 金属房外壳（皮）应可靠接地。

3.3.4.2 电源箱应装设在房外，箱内应装配有电源开关、剩余电流动作保护装置（漏电保护器）、熔断器，进房线孔应加防磨线措施。

3.3.4.3 房内配线应采用橡胶线且用瓷件固定。照明用灯采用防水瓷灯具。

3.3.4.4 房内需动力电源的，动力电与照明用电应分别装设熔断器和剩余电流动作保护装置（漏电保护器）。

3.3.4.5 房内配电设备前端地面应铺设绝缘橡胶板。

3.3.4.6 金属房的出入口门外应铺设绝缘橡胶板。

3.4 材料、设备堆（存）放管理

3.4.1 材料、设备应按施工总平面布置规定的地点进行定置化管理，并符合消防及搬运的要求。堆放场地应平坦、不积水，地基应坚实。应设置支垫，并做好防潮、防火措施。

3.4.2 材料、设备放置在围栏或建筑物的墙壁附近时，应留有0.5m 以上的间距。

3.4.3 各类抱杆、钢丝绳、跨越架、脚手杆（管）、脚手板、紧固件等受力工器具以及防护用具等均应存放在干燥、通风处，并符合防腐、防火等要求。工程开工或间歇性复工前应进行检查，合格方可使用。

3.4.4 易燃材料、废料的堆放场所与建筑物及动火作业区的距离应符合本规程 3.6.2 的有关规定。

3.4.5 易燃、易爆及有毒有害物品等应分别存放在与普通仓库隔离的危险品仓库内，危险品仓库的库门应向外开，按有关规定严格管理。汽油、酒精、油漆及稀释剂等挥发性易燃材料应密封存放，配消防器材，悬挂相应安全标志。

3.4.6 器材堆放应遵守下列规定：

a） 器材堆放整齐稳固。长、大件器材的堆放有防倾倒的措施。

b） 器材距铁路轨道最小距离不得小于 2.5m。

c） 钢筋混凝土电杆堆放的地面应平整、坚实，杆段下方应设支垫，两侧应掩牢，堆放高度不得超过 3 层。

d） 钢管堆放的两侧应设立柱，堆放高度不宜超过 1m，层间可加垫。

e） 袋装水泥堆放的地面应垫平，架空垫起不小于 0.3m，堆放高度不宜超过 10 包；临时露天堆放时，应用防雨篷布遮盖。

f） 线盘放置的地面应平整、坚实，滚动方向前后均应掩牢。

g） 绝缘子应包装完好，堆放高度不宜超过 2m。

h） 材料箱、筒横卧不超过 3 层、立放不超过 2 层，层间应加垫，两边设立柱。

i） 袋装材料堆高不超过 1.5m，堆放整齐、稳固。

j） 圆木和毛竹堆放的两侧应设立柱，堆放高度不宜超过 2m，并有防止滚落的措施。

3.4.7 电气设备的保管与堆放应符合下列要求：

a） 瓷质材料拆箱后，应单层排列整齐，不得堆放，并采取防碰措施。

b） 绝缘材料应存放在有防火、防潮措施的库房内。

c） 电气设备应分类存放，放置应稳固、整齐，不得堆放。重心较高的电气设备在存放时应有防止倾倒的措施。有防潮标志的电气设备应做好防潮措施。

3.5 施 工 用 电

3.5.1 一般规定

3.5.1.1 施工用电方案应编入项目管理实施规划或编制专项方案，其布设要求应符合国家行业有关规定。

3.5.1.2 施工用电设施应按批准的方案进行施工，竣工后应经验收合格方可投入使用。

3.5.1.3 施工用电设施安装、运行、维护应由专业电工负责，并应建立安装、运行、维护、拆除作业记录台账。

3.5.1.4 施工用电工程应定期检查，对安全隐患应及时处理，并履行复查验收手续。

3.5.1.5 施工用电工程的380V/220V低压系统，应采用三级配电、二级剩余电流动作保护系统（漏电保护系统），末端应装剩余电流动作保护装置（漏电保护器）；专用变压器中性点直接接地的低压系统宜采用TN–S接零保护系统。

3.5.2 变压器设备

3.5.2.1 10kV/400kVA及以下的变压器宜采用支柱上安装，支柱上变压器的底部距地面的高度不得小于2.5m。组立后的支柱不应有倾斜、下沉及支柱基础积水等现象。

3.5.2.2 35kV及10kV/400kVA以上的变压器如采用地面平台安装，装设变压器的平台应高出地面0.5m，其四周应装设高度不低于1.7m的围栏。围栏与变压器外廓的距离：10kV及以下应不小于1m，35kV应不小于1.2m，并应在围栏各侧的明显部位悬挂“止步、高压危险！”的安全标志。

3.5.2.3 变压器中性点及外壳接地应接触良好，连接牢固可靠，工作接地电阻不得大于4Ω。总容量为100kVA以下的系统，工作接地电阻不得大于10Ω。在土壤电阻率大于1000Ω·m的地区，当达到上述接地电阻值有困难时，工作接地电阻不得大于30Ω。

3.5.2.4 变压器引线与电缆连接时，电缆及其终端头均不得与变压器外壳直接接触。

3.5.2.5 采用箱式变电站供电时，其外壳应有可靠的保护接地，接地系统应符合产品技术要求，装有仪表和继电器的箱门应与壳体可靠连接。

3.5.2.6 箱式变电站安装完毕或检修后投入运行前，应对其内部的电气设备进行检查，电气性能试验合格后方可投入运行。

3.5.3 发电机组

3.5.3.1 发电机组禁止设在基坑里。

3.5.3.2 发电机组应配置可用于扑灭电气火灾的灭火器，禁止存放易燃易爆物品。

3.5.3.3 发电机组应采用电源中性点直接接地的三相五线制供电

系统，即 TN–S 接零保护系统，其工作接地电阻值应符合本规程 3.5.2.3 的要求。

3.5.3.4 发电机供电系统应设置可视断路器或电源隔离开关及短路、过载保护。电源隔离开关分断时应有明显可见分断点。

3.5.4 配电及照明

3.5.4.1 配电系统应设置总配电箱、分配电箱、末级配电箱，实行三级配电。配电箱应根据用电负荷状态装设短路、过载保护电器和剩余电流动作保护装置（漏电保护器），并定期检查和试验。

3.5.4.2 高压配电装置应装设隔离开关，隔离开关分断时应有明显断开点。

3.5.4.3 低压配电箱的电器安装板上应分设 N 线端子板和 PE 线端子板。N 线端子板应与金属电器安装板绝缘；PE 线端子板应与金属电器安装板做电气连接。进出线中的 N 线应通过 N 线端子板连接；PE 线应通过 PE 线端子板连接。

3.5.4.4 配电箱设置地点应平整，不得被水淹或土埋，并应防止碰撞和被物体打击。配电箱内及附近不得堆放杂物。

3.5.4.5 配电箱应坚固，金属外壳接地或接零良好，其结构应具备防火、防雨的功能，箱内的配线应采取相色配线且绝缘良好，导线进出配电柜或配电箱的线段应采取固定措施，导线端头制作规范，连接应牢固。操作部位不得有带电体裸露。

3.5.4.6 支架上装设的配电箱，应安装牢固并便于操作和维修；引下线应穿管敷设并做防水弯。

3.5.4.7 低压架空线路不得采用裸线，导线截面积不得小于 16mm^2，架设高度不得低于 2.5m；交通要道及车辆通行处，架设高度不得低于 5m。

3.5.4.8 电缆线路应采用埋地或架空敷设，禁止沿地面明设，并应避免机械损伤和介质腐蚀。

3.5.4.9 现场直埋电缆的走向应按施工总平面布置图的规定，沿主道路或固定建筑物等的边缘直线埋设，埋深不得小于 0.7m，并应在电缆紧邻四周均匀敷设不小于 50mm 厚的细砂，然后覆盖砖或混凝土板等硬质保护层；转弯处和大于等于 50m 直线段处，在地面上设明显的标志；通过道路时应采用保护套管。

3.5.4.10 电缆接头处应有防水和防触电的措施。

3.5.4.11 低压电力电缆中应包含全部工作芯线和用作工作零线、保护零线的芯线。需要三相四线制配电的电缆线路应采用五芯电缆。五芯电缆应包含淡蓝、绿/黄两种颜色绝缘芯线。淡蓝色芯线用作工作零线（N 线）；绿/黄双色芯线用作保护零线（PE 线），禁止混用。

3.5.4.12 用电线路及电气设备的绝缘应良好，布线应整齐，设备的裸露带电部分应加防护措施。架空线路的路径应合理选择，避开易撞、易碰以及易腐蚀场所。

3.5.4.13 用电设备的电源引线长度不得大于 5m，长度大于 5m 时，应设移动开关箱。移动开关箱至固定式配电箱之间的引线长度不得大于 40m，且只能用绝缘护套软电缆。

3.5.4.14 电气设备不得超铭牌使用，隔离型电源总开关禁止带负荷拉闸。

3.5.4.15 开关和熔断器的容量应满足被保护设备的要求。闸刀开关应有保护罩。禁止用其他金属丝代替熔丝。

3.5.4.16 熔丝熔断后，应查明原因，排除故障后方可更换。更换熔丝后应装好保护罩方可送电。

3.5.4.17 多路电源配电箱宜采用密封式；开关及熔断器应上口接电源，下口接负荷，禁止倒接；负荷应标明名称，单相开关应标明电压。

3.5.4.18 不同电压等级的插座与插销应选用相应的结构，禁止用单相三孔插座代替三相插座。单相插座应标明电压等级。

3.5.4.19 禁止将电源线直接钩挂在闸刀上或直接插入插座内使用。

3.5.4.20 电动机械或电动工具应做到“一机一闸一保护”。移动式电动机械应使用绝缘护套软电缆。

3.5.4.21 照明线路敷设应采用绝缘槽板、穿管或固定在绝缘子上，不得接近热源或直接绑挂在金属构件上；穿墙时应套绝缘套管，管、槽内的电源线不得有接头，并经常检查、维修。

3.5.4.22 照明灯具的悬挂高度不应低于 2.5m，并不得任意挪动，低于 2.5m 时应设保护罩。照明灯具开关应控制相线。

3.5.4.23 在光线不足的作业场所及夜间作业的场所均应有足够的照明。

3.5.4.24 在有爆炸危险的场所及危险品仓库内，应采用防爆型电气设备，开关应装在室外。在散发大量蒸汽、气体或粉尘的场所，应采用密闭型电气设备。在坑井、沟道、沉箱内及独立高层建筑物上，应备有独立的照明电源，并符合安全电压要求。

3.5.4.25 照明装置采用金属支架时，支架应稳固，并采取接地或接零保护。

3.5.4.26 行灯的电压不得超过 36V，潮湿场所、金属容器或管道内的行灯电压不得超过 12V。行灯应有保护罩，行灯电源线应使用绝缘护套软电缆。

3.5.4.27 行灯照明变压器应使用双绕组型安全隔离变压器，禁止使用自耦变压器。

3.5.4.28 电动机械及照明设备拆除后，不得留有可能带电的部分。

3.5.4.29 高压配电设备、线路和低压配电线路停电检修时，应装设临时接地线，并应悬挂“禁止合闸、有人工作！”或“禁止合闸、线路有人工作！”的安全标志牌。

3.5.5 接零及接地保护

3.5.5.1 施工用电电源采用中性点直接接地的专用变压器供电时，其低压配电系统的接地型式宜采用 TN–S 接零保护系统。采用 TN–S 系统做保护接零时，工作零线（N 线）应通过剩余电流动作保护装置（漏电保护器），保护零线（PE 线）应由电源进线零线重复接地处或剩余电流动作保护装置（漏电保护器）电源侧零线处引出，即不通过剩余电流动作保护装置（漏电保护器）。保护零线（PE线）上禁止装设开关或熔断器，并且采取防止断线的措施。

3.5.5.2 当施工现场利用原有供电系统的电气设备时，应根据原系统要求做保护接零或保护接地。同一供电系统不得一部分设备做保护接零，另一部分设备做保护接地。

3.5.5.3 保护零线（PE 线）应采用绝缘多股软铜绞线。电动机械与保护零线（PE 线）的连接线截面积一般不得小于相线截面积的1/3 且不得小于 $2.5mm^2$；移动式或手提式电动机具与保护零线（PE线）的连接线截面积一般不得小于相线截面积的 1/3 且不得小于 $1.5mm^2$。

3.5.5.4 电源线、保护接零线、保护接地线应采用焊接、压接、螺栓连接或其他可靠方法连接。

3.5.5.5 保护零线（PE 线）应在配电系统的始端、中间和末端处做重复接地。

3.5.5.6 对地电压在 127V 及以上的下列电气设备及设施，均应装设接地或接零保护：

a） 发电机、电动机、电焊机及变压器的金属外壳。

b） 开关及其传动装置的金属底座或外壳。

c） 电流互感器的二次绕组。

d） 配电盘、控制盘的外壳。

e） 配电装置的金属构架、带电设备周围的金属围栏。

f） 高压绝缘子及套管的金属底座。

g） 电缆接头盒的外壳及电缆的金属外皮。

h） 吊车的轨道及焊工等的工作平台。

i） 架空线路的杆塔（木杆除外）。

j） 室内外配线的金属管道。

k） 金属制的集装箱式办公室、休息室及工具、材料间、卫生间等。

3.5.5.7 禁止利用易燃、易爆气体或液体管道作为接地装置的自然接地体。

3.5.5.8 接地装置的敷设应符合 GB 50194《建设工程施工现场供用电安全规范》的规定并应符合下列基本要求：

a） 人工接地体的顶面埋设深度不宜小于 0.6m。

b） 人工垂直接地体宜采用热浸镀锌圆钢、角钢、钢管，长度宜为 2.5m。人工水平接地体宜采用热浸镀锌的扁钢或圆钢。圆钢直径不应小于 12mm；扁钢、角钢等型钢的截面积不应小于 $90mm^2$，其厚度不应小于 3mm；钢管壁厚不应小于 2mm。人工接地体不得采用螺纹钢。

3.5.6 用电及用电设备

3.5.6.1 用电单位应建立施工用电安全岗位责任制，明确各级用电安全责任人。

3.5.6.2 用电安全负责人及施工作业人员应严格执行施工用电安全施工技术措施，熟悉施工现场配电系统。

3.5.6.3 配电室和现场的配电柜或总配电箱、分配电箱应配锁具。

3.5.6.4 电气设备明显部位应设禁止靠近以防触电的安全标志牌。

3.5.6.5 施工用电设施应定期检查并记录。对用电设施的绝缘电阻及接地电阻应进行定期检测并记录。

3.5.6.6 施工现场用电设备等应有专人进行维护和管理。

3.5.6.7 每台用电设备应有各自专用的开关，禁止用同一个开关直接控制两台及以上用电设备（含插座）。

3.5.6.8 末级配电箱中剩余电流动作保护装置（漏电保护器）的额定动作电流不应大于 30mA，额定漏电动作时间不应大于 0.1s。使用于潮湿或有腐蚀介质场所的剩余电流动作保护装置（漏电保护器）应采用防溅型产品，其额定动作电流不应大于 15mA，额定动作时间不应大于 0.1s。总配电箱中剩余电流动作保护装置（漏电保护器）的额定漏电动作电流应大于 30mA，额定漏电动作时间应大于 0.1s，但其额定漏电动作电流与额定漏电动作时间的乘积不应大于 30mA·s。

3.5.6.9 当分配电箱直接供电给末级配电箱时，可采用分配电箱设置插座方式供电，并应采用工业用插座，且每个插座应有各自独立的保护电器。

3.5.6.10 动力配电箱与照明配电箱宜分别设置。当合并设置为同一配电箱时，动力和照明应分路配电；动力末级配电箱与照明末级配电箱应分设。

3.5.6.11 对配电箱、末级配电箱进行维修、检查时，应将其相应的电源断开并隔离，并悬挂“禁止合闸、有人工作！”安全标志牌。

3.5.6.12 配电箱送电、停电应按照下列顺序进行操作：

a） 送电操作顺序：总配电箱→分配电箱→末级配电箱。

b） 停电操作顺序：末级配电箱→分配电箱→总配电箱。但在配电系统故障的紧急情况下可以除外。

3.5.6.13 在对地电压 250V 以下的低压配电系统上不停电作业时，应遵守下列规定：

a） 被拆除或接入的线路，不得带任何负荷。

b） 相间及相对地应有足够的距离，避免施工作业人员及操作工具同时触及不同相导体。

c） 有可靠的绝缘措施。

d） 设专人监护。

e） 剩余电流动作保护装置（漏电保护器）应投入。

3.6 消　　防

3.6.1 一般规定

3.6.1.1 施工现场、仓库及重要机械设备、配电箱旁，生活和办公区等应配置相应的消防器材。需要动火的施工作业前，应增设相应类型及数量的消防器材。在林区、牧区施工，应遵守当地的防火规定。

3.6.1.2 在防火重点部位或易燃、易爆区周围动用明火或进行可能产生火花的作业时，应办理动火工作票，经有关部门批准后，采取相应措施并增设相应类型及数量的消防器材后方可进行。

3.6.1.3 消防设施应有防雨、防冻措施，并定期进行检查、试验，确保有效；砂桶（箱、袋）、斧、锹、钩子等消防器材应放置在明显、易取处，不得任意移动或遮盖，禁止挪作他用。

3.6.1.4 作业现场禁止吸烟。

3.6.1.5 禁止在办公室、工具房、休息室、宿舍等房屋内存放易燃、易爆物品。

3.6.1.6 挥发性易燃材料不得装在敞口容器内或存放在普通仓库内。装过挥发性油剂及其他易燃物质的容器，应及时退库，并存放在距建筑物不小于 25m 的单独隔离场所；装过挥发性油剂及其他易燃物质的容器未与运行设备彻底隔离及采取清洗置换等措施，禁止用电焊或火焊进行焊接或切割。

3.6.1.7 储存易燃、易爆液体或气体仓库的保管人员，应穿着棉、麻等不易产生静电的材料制成的服装入库。

3.6.1.8 运输易燃、易爆等危险物品，应按当地公安部门的有关规定申请，经批准后方可进行。

3.6.1.9 采用易燃材料包装或设备本身应防火的设备箱，禁止用火焊切割的方法开箱。

3.6.1.10 电气设备附近应配备适用于扑灭电气火灾的消防器材。发生电气火灾时应首先切断电源。

3.6.1.11 烘燥间或烘箱的使用及管理应有专人负责。

3.6.1.12 熬制沥青或调制冷底子油应在建筑物的下风方向进行，距易燃物不得小于 10m，不应在室内进行。

3.6.1.13 进行沥青或冷底子油作业时应通风良好，作业时及施工完毕后的 24h 内，其作业区周围 30m 内禁止明火。

3.6.1.14 冬季采用火炉暖棚法施工，应制订相应的防火和防止一氧化碳中毒措施，并设有不少于两人的值班人员。

3.6.2 临时建筑及仓库防火

3.6.2.1 临时建筑及仓库的设计，应符合 GB 50016《建筑设计防火规范》的规定。

3.6.2.2 仓库应根据储存物品的性质采用相应耐火等级的材料建成。值班室与库房之间应有防火隔离措施。

3.6.2.3 临时建筑物内的火炉烟囱通过墙和屋面时，其四周应用防火材料隔离。烟囱伸出屋面的高度不得小于500mm。禁止用汽油或煤油引火。

3.6.2.4 氧气、乙炔气、汽油等危险品仓库，应采取避雷及防静电接地措施，屋面应采用轻型结构，门、窗不得向内开启，保持通风良好。

3.6.2.5 各类建筑物与易燃材料堆场之间的防火间距应符合表 2 的规定。

表 2　各类建筑物与易燃材料堆场之间的防火间距（m）

防火间距 / 建筑类别序号 / 建筑类别及序号	1	2	3	4	5	6	7	8	9
1. 正在施工中的永久性建筑物	—	20	15	20	25	20	30	25	10
2. 办公室及生活性临时建筑	20	5	6	20	15	15	30	20	6
3. 材料仓库及露天堆场	15	6	6	15	15	10	20	15	6
4. 易燃材料（氧气、乙炔气、汽油等）仓库	20	20	15	20	25	20	30	25	20
5. 木材（圆木、成材、废料）堆场	25	15	15	25	垛间2	25	30	25	15
6. 锅炉房、厨房及其他固定性用火	20	15	10	20	25	15	30	25	6
7. 易燃物（稻草、芦席等）堆场	30	30	20	30	30	30	垛间2	25	6
8. 主建筑物	25	20	15	25	25	25	25	25	15
9. 一般性临时建筑	10	6	6	20	15	6	6	15	6

3.6.2.6 临时建筑不宜建在电力线下方。如必须在 110kV 及以下

电力线下方建造时，应经线路运维单位同意。屋顶采用耐火材料。临时库房与电力线导线之间的垂直距离，在导线最大计算弧垂情况下不小于表 3 的规定。

表 3　临时库房与电力线导线之间最小垂直距离

线路电压 kV	1～10	35	66～110
最小垂直距离 m	3	4	5

4 通用作业要求

4.1 高处作业

4.1.1 按照 GB 3608《高处作业分级》的规定，凡在距坠落高度基准面 2m 及以上有可能坠落的高度进行的作业均称为高处作业。高处作业应设专责监护人。

4.1.2 物体不同高度的可能坠落范围半径见表 4。

表 4 不同高度的可能坠落范围半径

作业高度 h_w m	$2 \leqslant h_w \leqslant 5$	$5 < h_w \leqslant 15$	$15 < h_w \leqslant 30$	$h_w > 30$
可能坠落范围半径 m	3	4	5	6

注 1：通过可能坠落范围内最低处的水平面称为坠落高度基准面。

注 2：作业区各作业位置至相应坠落高度基准面的垂直距离中的最大值称为作业高度，用 h_w 表示。

注 3：可能坠落范围半径为确定可能坠落范围而规定的相对于作业位置的一段水平距离。

4.1.3 高处作业的人员应每年体检一次。患有不宜从事高处作业病症的人员，不得参加高处作业。

4.1.4 高处作业人员应衣着灵便，衣袖、裤脚应扎紧，穿软底防滑鞋，并正确佩戴个人防护用具。

4.1.5 高处作业人员应正确使用安全带，宜使用全方位防冲击安全带，杆塔组立、脚手架施工等高处作业时，应采用速差自控器等后备保护设施。安全带及后备防护设施应高挂低用。高处作业过程中，应随时检查安全带绑扎的牢靠情况。

4.1.6 安全带使用前应检查是否在有效期内，是否有变形、破裂等情况，禁止使用不合格的安全带。

4.1.7 特殊高处作业宜设有与地面联系的信号或通信装置，并由专人负责。

4.1.8 遇有六级及以上风或暴雨、雷电、冰雹、大雪、大雾、沙尘暴等恶劣气候时，应停止露天高处作业。

4.1.9 高处作业下方危险区内禁止人员停留或穿行，高处作业的危险区应设围栏及“禁止靠近”的安全标志牌。

4.1.10 高处作业的平台、走道、斜道等应装设不低于1.2m高的护栏（0.5m～0.6m处设腰杆），并设180mm高的挡脚板。

4.1.11 在夜间或光线不足的地方进行高处作业，应设充足的照明。

4.1.12 高处作业地点、各层平台、走道及脚手架上堆放的物件不得超过允许载荷，施工用料应随用随吊。禁止在脚手架上使用临时物体（箱子、桶、板等）作为补充台架。

4.1.13 高处作业所用的工具和材料应放在工具袋内或用绳索拴在牢固的构件上，较大的工具应系保险绳。上下传递物件应使用绳索，不得抛掷。

4.1.14 高处作业时，各种工件、边角余料等应放置在牢靠的地方，并采取防止坠落的措施。

4.1.15 高处焊接作业时应采取措施防止安全绳（带）损坏。

4.1.16 高处作业人员上下杆塔等设施应沿脚钉或爬梯攀登，在攀登或转移作业位置时不得失去保护。杆塔上水平转移时应使用水平绳或设置临时扶手，垂直转移时应使用速差自控器或安全自锁器等装置。禁止使用绳索或拉线上下杆塔，不得顺杆或单根构件下滑或上爬。杆塔设计时应提供安全保护设施的安装用孔。

4.1.17 下脚手架应走斜道或梯子，不得沿绳、脚手立杆或横杆等攀爬。

4.1.18 攀登无爬梯或无脚钉的杆塔等设施应使用相应工具，多人沿同一路径上下同一杆塔等设施时应逐个进行。

4.1.19 在电杆上进行作业前应检查电杆及拉线埋设是否牢固、强度是否足够，并应选用适合于杆型的脚扣，系好安全带。在构架及电杆上作业时，地面应有专人监护、联络。用具应按附录D的表D.2规定进行定期检查和试验。

4.1.20 高处作业区附近有带电体时，传递绳应使用干燥的绝缘绳。

4.1.21 在霜冻、雨雪后进行高处作业，人员应采取防冻和防滑措施。

4.1.22 在气温低于−10℃进行露天高处作业时，施工场所附近宜设取暖休息室，并采取防火措施。

4.1.23 在轻型或简易结构的屋面上作业时，应有防止坠落的可靠措施。

4.1.24 在屋顶及其他危险的边沿进行作业，临空面应装设安全网或防护栏杆，施工作业人员应使用安全带。

4.1.25 高处作业人员不得坐在平台、孔洞边缘，不得骑坐在栏杆上，不得站在栏杆外作业或凭借栏杆起吊物件。

4.1.26 高空作业车（包括绝缘型高空作业车、车载垂直升降机）和高处作业吊篮应分别按GB/T 9465《高空作业车》和GB 19155《高处作业吊篮》的规定使用、试验、维护与保养。

4.1.27 自制的汽车吊高处作业平台，应经计算、验证，并制定操作规程，经施工单位分管领导批准后方可使用。使用过程中应定期检查、维护与保养，并做好记录。

4.2 交叉作业

4.2.1 作业前，应明确交叉作业各方的施工范围及安全注意事项；垂直交叉作业，层间应搭设严密、牢固的防护隔离设施，或采取防高处落物、防坠落等防护措施。

4.2.2 交叉作业时，作业现场应设置专责监护人，上层物件未固定前，下层应暂停作业。工具、材料、边角余料等不得上下抛掷。不得在吊物下方接料或停留。

4.2.3 交叉作业场所的通道应保持畅通；有危险的出入口处应设围栏并悬挂安全标志。

4.2.4 交叉作业场所应保持充足光线。

4.3 有限空间作业

4.3.1 进入井、箱、柜、深坑、隧道、电缆夹层内等有限空间作业，应在作业入口处设专责监护人。监护人员应事先与作业人员规定明确的联络信号，并与作业人员保持联系，作业前和离开时应准确清点人数。

4.3.2 有限空间作业应坚持“先通风、再检测、后作业”的原则，作业前应进行风险辨识，分析有限空间内气体种类并进行评估监测，做好记录。出入口应保持畅通并设置明显的安全警示标志，夜间应设警示红灯。

4.3.3 检测人员进行检测时，应当采取相应的安全防护措施，防止中毒窒息等事故发生。

4.3.4 有限空间作业现场的氧气含量应在 19.5%～23.5%。有害有毒气体、可燃气体、粉尘容许浓度应符合国家标准的安全要求，不符合时应采取清洗或置换等措施。

4.3.5 有限空间内盛装或者残留的物料对作业存在危害时，作业前应对物料进行清洗、清空或者置换，危险有害因素符合相关要求后，方可进入有限空间作业。

4.3.6 在有限空间作业中，应保持通风良好，禁止用纯氧进行通风换气。

4.3.7 在氧气浓度、有害气体、可燃性气体、粉尘的浓度可能发生变化的环境中作业应保持必要的测定次数或连续检测。检测的时间不宜早于作业开始前 30min。作业中断超过 30min，应当重新通风、检测合格后方可进入。

4.3.8 在有限空间作业场所，应配备安全和抢救器具，如：防毒面罩、呼吸器具、通信设备、梯子、绳缆以及其他必要的器具和设备。

4.3.9 有限空间作业场所应使用安全矿灯或 36V 以下的安全灯，潮湿环境下应使用 12V 的安全电压，使用超过安全电压的手持电动工具，应按规定配备剩余电流动作保护装置（漏电保护器）。在金属容器等导电场所，剩余电流动作保护装置（漏电保护器）、电源连接器和控制箱等应放在容器、导电场所外面，电动工具的开关应设在监护人伸手可及的地方。

4.3.10 对由于防爆、防氧化不能采用通风换气措施或受作业环境限制不易充分通风换气的场所，作业人员应使用空气呼吸器或软管面具等隔离式呼吸保护器具。

4.3.11 发现通风设备停止运转、有限空间内氧含量浓度低于或者有毒有害气体浓度高于国家标准或者行业标准规定的限值时，应立即停止有限空间作业，清点作业人员，撤离作业现场。

4.3.12 有限空间作业中发生事故，现场有关人员应当立即报警，禁止盲目施救。

4.3.13 应急救援人员实施救援时，应当做好自身防护，佩戴必要的呼吸器具、救援器材。

4.4 运输、装卸

4.4.1 机动车运输

4.4.1.1 机动车辆运输应按《中华人民共和国道路交通安全法》的有关规定执行。车上应配备灭火器。

4.4.1.2 重要物资运输前应事先对道路进行勘察，需要加固整修的道路应及时处理。

4.4.1.3 路面水深超过汽车排气管时，不得强行通过；在泥泞的坡路或冰雪路面上应缓行，车轮应装防滑链；冬季车辆过冰河时，应根据当地气候情况和河水冰冻程度决定是否行车，不得盲目过河。车辆通过渡口时，应遵守轮渡安全规定，听从渡口工作人员的指挥。

4.4.1.4 载货机动车除押运和装卸人员外，不得搭乘其他人员。

4.4.1.5 装运超长、超高或重大物件时应遵守下列规定：

a） 物件重心与车厢承重中心应基本一致。

b） 易滚动的物件顺其滚动方向应掩牢并捆绑牢固。

c） 用超长架装载超长物件时，在其尾部应设警告标志；超长架与车厢固定，物件与超长架及车厢应捆绑牢固。

d） 押运人员应加强途中检查，捆绑松动应及时加固。

4.4.1.6 运输电缆盘时，盘上的电缆头应固定牢固，应有防止电缆盘在车、船上滚动的措施。卸电缆盘不能从车、船上直接推下。滚动电缆盘的地面应平整，滚动电缆盘应顺着电缆缠紧方向，破损的电缆盘不应滚动。电缆盘放置时应立放，并采取防止滚动措施。

4.4.2 水上运输

4.4.2.1 水上运输应遵守水运管理部门或海事管理机构的有关规定。

4.4.2.2 承担运输任务的船舶应安全可靠，船舶上应配备救生设备，并签订安全协议。

4.4.2.3 运输前，应根据水运路线、船舶状况、装卸条件等制定合理的运输方案，装卸笨重物件或大型施工机械应制定专项装卸运输方案，船舶禁止超载。

4.4.2.4 入舱的物件应放置平稳，易滚、易滑和易倒的物件应绑扎牢固。

4.4.2.5 用船舶接送作业人员应遵守下列规定：

a） 禁止超载超员。

b） 船上应配备合格齐备的救生设备。

c） 乘船人员应正确穿戴救生衣，掌握必要的安全常识，会熟练使用救生设备。

d） 船上禁止搭载和存放易燃易爆物品。

4.4.2.6 遇有洪水或者大风、大雾、大雪等恶劣天气，应停止水上运输。

4.4.3 人力运输和装卸

4.4.3.1 人力运输的道路应事先清除障碍物；山区抬运笨重物件或钢筋混凝土电杆的道路，其宽度不宜小于1.2m，坡度不宜大于1:4，如不满足要求，应采取有效的方案作业。

4.4.3.2 重大物件不得直接用肩扛运；多人抬运时应步调一致，同起同落，并应有人指挥。

4.4.3.3 运输用的工器具应牢固可靠，每次使用前应进行认真检查。

4.4.3.4 雨雪后抬运物件时，应有防滑措施。

4.4.3.5 用跳板或圆木装卸滚动物件时，应用绳索控制物件。物件滚落前方禁止有人。

4.4.3.6 钢筋混凝土电杆卸车时，车辆不得停在有坡度的路面上。每卸一根，其余电杆应掩牢；每卸完一处，剩余电杆绑扎牢固后方可继续运输。

4.4.3.7 货运汽车挂车、半挂车、平板车、起重车、自动倾卸车和拖拉机挂车车厢内禁止载人。

4.5 起 重 作 业

4.5.1 项目管理实施规划中应有机械配置、大型吊装方案及各项起重作业的安全措施。

4.5.2 起重机械拆装时应编制专项安全施工方案。

4.5.3 特殊环境、特殊吊件等施工作业应编制专项安全施工方案或专项安全技术措施，必要时还应经专家论证。

4.5.4 起重机械操作人员应持证上岗，建立起重机械操作人员台账，并进行动态管理。

4.5.5 起重作业应由专人指挥，分工明确。

4.5.6 重大物件的起重、搬运作业应由有经验的专人负责。

4.5.7 每次换班或每个工作日的开始，对在用起重机械，应按其类型针对与该起重机械适合的相关内容进行日常检查。

4.5.8 起重作业前应进行安全技术交底，使全体人员熟悉起重搬运方案和安全措施。

4.5.9 操作人员在作业前应对作业现场环境、架空电力线以及构件重量和分布等情况进行全面了解。

4.5.10 操作人员应按规定的起重性能作业，禁止超载。

4.5.11 起重机械使用前应经检验检测机构监督检验合格并在有效期内。

4.5.12 起重机械的各种监测仪表以及制动器、限位器、安全阀、闭锁机构等安全装置应完好齐全、灵敏可靠，不得随意调整或拆除。禁止利用限制器和限位装置代替操纵机构。

4.5.13 各类起重机械应装有音响清晰的喇叭、电铃或汽笛等信号装置。在起重臂、吊钩、平衡重等转动体上应标以鲜明的色彩标志。

4.5.14 起重机械使用单位对起重机械安全技术状况和管理情况应进行定期或专项检查，并指导、追踪、督查缺陷整改。

4.5.15 操作室内禁止堆放有碍操作的物品，非操作人员禁止进入操作室；起重作业应划定作业区域并设置相应的安全标志，禁止无关人员进入。

4.5.16 在露天有六级及以上大风或大雨、大雪、大雾、雷暴等恶劣天气时，应停止起重吊装作业。雨雪过后作业前，应先试吊，确认制动器灵敏可靠后方可进行作业。

4.5.17 在高寒地带施工的设备，应按规定定期更换冬、夏季传动液压油、发动机油和齿轮油等，保证油质能满足其使用条件。

4.5.18 起吊物体应绑扎牢固，吊钩应有防止脱钩的保险装置。若物体有棱角或特别光滑的部位时，在棱角和滑面与绳索（吊带）接触处应加以包垫。起重吊钩应挂在物件的重心线上。

4.5.19 含瓷件的组合设备不得单独采用瓷质部件作为吊点，产品特别许可的小型瓷质组件除外。瓷质组件吊装时应使用不危及瓷质安全的吊索，例如尼龙吊带等。

4.5.20 起重指挥要求。

4.5.20.1 起重吊装作业的指挥人员、司机和安拆人员等应持证上岗，作业时应与操作人员密切配合，执行规定的指挥信号。

4.5.20.2 起重指挥信号应简明、统一、畅通。

4.5.20.3 操作人员应按照指挥人员的信号进行作业，当信号不清或错误时，操作人员可拒绝执行。

4.5.20.4 操作室远离地面的起重机械，在正常指挥发生困难时，地面及作业层（高空）的指挥人员均应采用对讲机等有效的通信联络进行指挥。

4.6 焊接与切割

4.6.1 一般规定

4.6.1.1 进行焊接或切割作业时，操作人员应穿戴专用工作服、绝缘鞋、防护手套等符合专业防护要求的劳动保护用品。衣着不得敞领卷袖。

4.6.1.2 作业人员在观察电弧时，应使用带有滤光镜的头罩或手持面罩，或佩戴安全镜、护目镜或其他合适的眼镜。辅助人员也应佩戴类似的眼保护装置。

4.6.1.3 在作业前，操作人员应对设备的安全性和可靠性、个人防护用品、操作环境进行检查。

4.6.1.4 登高进行焊割作业者，衣着要灵便，戴好安全帽和安全带，穿胶底鞋，禁止穿硬底鞋和带钉易滑的鞋。

4.6.1.5 焊接与切割设备应按制造厂提供的操作说明书和安全规程使用。

4.6.1.6 焊接、切割设备应处于正常的工作状态，存在安全隐患时，应停止使用并由维修人员修理。

4.6.1.7 焊接与切割的作业场所应有良好的照明。

4.6.1.8 焊接或切割作业只能在无火灾隐患的条件下实施。

4.6.1.9 禁止在储存或加工易燃、易爆物品的场所周围 10m 范围内进行焊接或切割作业。

4.6.1.10 所有焊接、切割的操作应要在足够的通风条件下进行，必要时应采取机械通风方式。

4.6.1.11 在风力五级以上及下雨、下雪时，不可露天或高处进行焊接和切割作业。如必须作业时，应采取防风、防雨雪的措施。

4.6.1.12 在高处进行焊割作业时，应把动火点下部的易燃易爆物移至安全地点，或采取可靠的隔离、防护措施。作业结束后，应检查是否留有火种，确认合格后方可离开现场。

4.6.1.13 在高处进行电焊作业时，宜设专人进行拉合闸和调节电流等作业。

4.6.1.14 高处作业时，禁止将焊接电缆或气焊、气割的橡皮软管缠绕在身上操作，以防触电或燃爆。

4.6.1.15 登高焊割作业应避开高压线、裸导线及低压电源线。

4.6.1.16 高处作业时，电焊机及其他焊割设备与高处焊割作业点的下部地面保持 10m 以上的间隔，并应设监护人。

4.6.1.17 高处作业时，所使用的焊条、工具、小零件等应装在牢固的无孔洞的工具袋内，防止落下伤人。

4.6.1.18 高处作业时，不得随身携带电焊导线或气焊软管登高，不得从高处跨越。电焊导线、软管应在切断电源或气源后用绳索提吊。

4.6.1.19 进行焊接或切割作业时，应有防止触电、爆炸和防止金属飞溅引起火灾的措施。在人员密集的场所作业时，宜设挡光屏。

4.6.1.20 在进行焊接或切割操作的地方应配置适宜、足够的灭火设备。

4.6.1.21 焊接或切割作业结束后，应切断电源或气源，整理好器具，仔细检查作业场所周围及防护设施，确认无起火危险后方可离开。

4.6.2　电弧焊

4.6.2.1　施工现场的电焊机应根据施工区需要而设置。多台电焊机集中布置时，应将电焊机和控制刀闸作对应的编号。电焊机一次侧电源线不得超过 5m，二次侧引出线不得超过 30m。一、二次线应布置整齐，牢固可靠。

4.6.2.2　露天装设的电焊机应设置在干燥的场所，并应有防雨、雪措施。

4.6.2.3　电焊机的外壳应可靠接地或接零。接地时其接地电阻不得大于 4Ω。不得多台串联接地。

4.6.2.4　电焊机各电路对机壳的热态绝缘电阻不得低于 0.4MΩ。

4.6.2.5　电焊机应有单独的电源控制装置。

4.6.2.6　电焊设备应经常维修、保养。使用前应进行检查，确认无异常后方可合闸。

4.6.2.7　电焊机倒换接头，转移作业地点或发生故障时，应切断电源。

4.6.2.8　焊钳及电焊线的绝缘应良好；导线截面积应与作业参数相适应。焊钳应具有良好的隔热能力。

4.6.2.9　禁止将电缆管、电缆外皮或吊车轨道等作为电焊地线。在采用屏蔽电缆的变电站内施焊时，应用专用地线，且应在接地点 5m 范围内进行。

4.6.2.10　电焊导线不得靠近热源，且禁止接触钢丝绳或转动机械。电焊导线穿过道路应采取防护措施。

4.6.2.11　电焊作业台应可靠接地。在狭小或潮湿地点施焊时，应垫以木板或采取其他防止触电的措施，并设监护人。

4.6.2.12　电焊工宜使用反射式镜片。清除焊渣时应戴防护眼镜。

4.6.3　氩弧焊

4.6.3.1　作业前检查焊机电源线、引出线及各接点接触是否牢固，二次接地线禁止接在焊机壳体上。

4.6.3.2 焊机接地线及焊接工作回路线不准搭接在易燃易爆的物品上，不准搭接在管道和电力、仪表保护套以及设备上。

4.6.3.3 氩弧焊作业场地应空气流通。作业中应开动通风排毒设备。通风装置失效时，应停止作业。

4.6.3.4 尽可能采用放射剂量极低的铈钨极。钍钨极和铈钨极加工时，应采用密封式或抽风式砂轮磨削，操作者应佩戴口罩、手套等个人防护用品，加工后要洗净手脸。钍钨极和铈钨极应放在铝盒内保存。避免由于大量钍钨棒集中在一起时，其放射性剂量超出安全规定而伤人。

4.6.3.5 氩弧焊应由专人操作开关。

4.6.3.6 防备和削弱高频电磁场影响的主要措施有：

a）工件良好接地，焊枪电缆和地线要用金属编织线屏蔽。

b）适当降低频率。

c）尽量不要使用高频振荡器作为稳弧装置，减小高频电作用时间。

d）连续作业不得超过 6h。

e）操作人员随时佩戴静电防尘口罩等其他个人防护用品。

4.6.3.7 氩弧焊时，由于臭氧和紫外线作用强烈，宜穿戴非棉布工作服（如耐酸呢、柞丝绸等）。在容器内焊接又不能采用局部通风的情况下，可以采用送风式头盔、送风口罩或防毒口罩等个人防护用品。容器外应设人监护和配合。

4.6.3.8 在电弧附近禁止赤身和裸露其他部位，禁止在电弧附近吸烟、进食，以免臭氧、烟尘吸入体内。

4.6.3.9 若运行中出现各种异常应立即关闭电源和气源。

4.6.3.10 磨钍钨极时应戴口罩、手套，并遵守砂轮机操作规程。

4.6.3.11 氩气瓶不许撞砸，立放应有支架，并远离明火 3m 以上。

4.6.3.12 当消除焊缝焊渣时，应戴防护眼镜，头部应避开敲击焊渣飞溅方向。

4.6.3.13 作业完毕应关闭电焊机，再断开电源，清扫作业场地。

4.6.4　气焊与气割

4.6.4.1　气瓶运输、存放与使用

4.6.4.1.1　气瓶运输前应旋紧瓶帽。应轻装轻卸，禁止抛、滑或碰击。

4.6.4.1.2　气瓶的搬运应使用专门的台架或手推车。

4.6.4.1.3　汽车装运时，氧气瓶应横向卧放，头部朝向一侧，并应垫牢，装载高度不得超过车厢高度；乙炔瓶应直立排放，车厢高度不得低于瓶高的 2/3。气瓶押运人员应坐在司机驾驶室内，不得坐在车厢内。

4.6.4.1.4　车上禁止烟火，运输乙炔气瓶的车上应备有相应的灭火器具。

4.6.4.1.5　易燃品、油脂和带油污的物品不得与氧气瓶同车运输。禁止氧气瓶与乙炔瓶同车运输。

4.6.4.1.6　气瓶存放应在通风良好的场所，禁止靠近热源或在烈日下曝晒。

4.6.4.1.7　气瓶存放处 10m 内禁止明火，禁止与易燃物、易爆物同间存放。

4.6.4.1.8　禁止与所装气体混合后能引起燃烧、爆炸的气瓶一起存放。

4.6.4.1.9　乙炔气瓶存放时应保持直立，并应有防止倾倒的措施。

4.6.4.1.10　乙炔气瓶禁止放置在有放射性射线的场所，亦不得放在橡胶等绝缘体上。

4.6.4.1.11　气瓶不得与带电物体接触。氧气瓶不得沾染油脂。

4.6.4.1.12　氧气瓶卧放时不宜超过 5 层，两侧应设立桩，立放时应有支架固定。

4.6.4.1.13　气瓶的检验应按国家的相关规定进行检验。过期未经检验或检验不合格的气瓶禁止使用。

4.6.4.1.14　使用中的氧气瓶与乙炔气瓶应垂直放置并固定起来，氧气瓶与乙炔气瓶的距离不得小于 5m。

4.6.4.1.15 各类气瓶禁止不装减压器直接使用，禁止使用不合格的减压器。

4.6.4.1.16 气瓶瓶阀及管接头处不得漏气。应经常检查丝堵和角阀丝扣的磨损及锈蚀情况，发现损坏应立即更换。

4.6.4.1.17 乙炔气瓶的使用压力不得超过 0.147MPa（1.5kgf/cm^2），输气流速每瓶不得超过 1.5m^3/h～2m^3/h。

4.6.4.1.18 气瓶的阀门应缓慢开启。开启乙炔气瓶时应站在阀门的侧后方。

4.6.4.1.19 施工现场的乙炔气瓶应安装防回火装置。

4.6.4.1.20 气瓶应佩戴 2 个防振圈。

4.6.4.1.21 瓶阀冻结时禁止用火烘烤，可用浸 40℃热水的棉布盖上使其缓慢解冻。

4.6.4.1.22 气瓶内的气体不得全部用尽，氧气瓶应留有 0.2MPa（2kgf/cm^2）的剩余压力；乙炔气瓶应留有不低于表 5 规定的剩余压力。用后的气瓶应关紧其阀门并标注“空瓶”字样。

表 5　乙炔气瓶内剩余压力与环境温度的关系

环境温度 ℃	＜0	0～15	15～25	25～40
剩余压力 MPa	0.05	0.1	0.2	0.3

4.7 动　火　作　业

4.7.1 动火作业是指能直接或间接产生明火的作业，包括熔化焊接、切割、喷枪、喷灯、钻孔、打磨、锤击、破碎、切削等。在防火重点部位或场所以及禁止明火区动火作业，应严格执行 DL 5027《电力设备典型消防规程》的有关规定，填用动火工作票。

4.7.2 可以采用不动火的方法替代而能够达到同样效果时，尽量采用替代的方法处理。

4.7.3 动火区域中有条件拆下的构件如油管、阀门等，应拆下来移至安全场所。

4.7.4 尽可能地把动火时间和范围压缩到最低限度。

4.7.5 凡盛有或盛过易燃易爆等化学危险物品的容器、设备、管道等生产、储存装置，在动火作业前应将其与生产系统彻底隔离，并进行清洗置换，检测可燃气体、易燃液体的可燃蒸汽含量合格后，方可动火作业。

4.7.6 动火作业应有专人监护，动火作业前应清除动火现场及周围的易燃物品，或采取其他有效的防火安全措施，配备足够适用的消防器材。

4.7.7 动火作业现场的通排风应良好，以保证泄漏的气体能顺畅排走。

4.7.8 动火作业间断或终结后，应清理现场，确认无残留火种后，方可离开。

4.7.9 下列情况禁止动火：

a） 压力容器或管道未泄压前。

b） 存放易燃易爆物品的容器未清洗干净前或未进行有效置换前。

c） 风力达五级以上的露天作业。

d） 喷漆现场。

e） 遇有火险异常情况未查明原因和消除前。

4.8 季节性施工

4.8.1 夏季、雨汛期施工

4.8.1.1 夏季高温季节应调整作业时间，避开高温时段，并做好防暑降温工作。

4.8.1.2 加强夏季防火管理，易燃易爆品应单独存放。

4.8.1.3 雨季前应做好防风、防雨、防洪等应急处置方案。现场排水系统应整修畅通，必要时应筑防汛堤。

4.8.1.4 雷雨季节前，应对建筑物、施工机械、跨越架等的避雷装置进行全面检查，并进行接地电阻测定。

4.8.1.5 台风和汛期到来之前，施工现场和生活区的临建设施以及高架机械均应进行修缮和加固，准备充足的防汛器材。

4.8.1.6 对正在组装、吊装的构支架应确保地锚埋设和拉线固定牢靠，独立的构架组合应采用四面拉线固定。

4.8.1.7 铁塔、构架、避雷针、避雷线一经安装应接地。

4.8.1.8 机电设备及配电系统应按有关规定进行绝缘检查和接地电阻测定。

4.8.1.9 台风、暴雨发生时禁止施工作业。

4.8.1.10 暴雨、台风、汛期后，应对临建设施、脚手架、机电设备、电源线路等进行检查并及时修理加固。

4.8.2 冬季施工

4.8.2.1 应为作业人员配发防止冻伤、滑跌、雪盲及有害气体中毒等个人防护用品或采取相应措施，防寒服装等颜色宜醒目。

4.8.2.2 入冬之前，对消防器具应进行全面检查，对消防设施及施工用水外露管道，应做好保温防冻措施。

4.8.2.3 对取暖设施应进行全面检查。用火炉取暖时，应采取防止一氧化碳中毒的措施；加强用火管理，及时清除火源周围的易燃物；根据需要配备防风保暖帐篷、取暖器等防寒设施。

4.8.2.4 冬季坑、槽的施工方案中应根据土质情况制定边坡防护措施，施工中和化冻后要检查边坡稳定，出现裂缝、土质疏松或护坡桩变形等情况要及时采取措施。

4.8.2.5 施工现场禁止使用裸线；电线铺设要防砸、防碾压；防止电线冻结在冰雪之中；大风雪后，应对供电线路进行检查，防止断线造成触电事故。

4.8.2.6 现场道路及脚手架、跳板和走道等，应及时清除积水、积霜、积雪并采取防滑措施。

4.8.2.7 施工机械设备的水箱、油路管道等润滑部件应经常检查，适季更换油材；油箱或容器内的油料冻结时，应采用热水或蒸汽化冻，禁止用火烤化。

4.8.2.8 用明火加热时，配备足量的消防器材，人员离场应及时熄灭火源。

4.8.2.9 汽车及轮胎式机械在冰雪路面上行驶时应更换雪地胎或加装防滑链。

4.8.2.10 当环境温度低于–25℃时不宜进行室外施工作业，确需施工时，主要受力机具应将安全系数提高10%～20%。

4.8.2.11 严寒季节采用工棚保温措施施工应遵守下列规定：

a） 使用锅炉作为加温设备，锅炉应经过压力容器设备检验合格。锅炉操作人员应经过培训合格、取证。

b） 工棚内养护人员不能少于两人，应有防止一氧化碳中毒、窒息的措施。

c） 采用苫布直接遮盖、用炭火养生的基础，加火或测温人员应先打开苫布通风，并测量一氧化碳和氧气浓度，达到符合指标时，才能进入基坑，同时坑上设置监护人。

4.8.2.12 在霜雪天气进行户外露天作业应及时清除场地霜雪，采取防冻防滑措施。

4.9 特殊环境下作业

4.9.1 山区及林（牧）区施工

4.9.1.1 山区及林（牧）区施工应严格遵守当地关于春季、秋季防火的相关规定，防火期施工不得携带火种上山作业。

4.9.1.2 山区及林（牧）区施工应严格遵守环境保护相关工作。

4.9.1.3 山区及林（牧）区施工应做好森林乙脑炎等传染性较强的疾病预防工作，及时为作业人员注射疫苗，配备相关药品。

4.9.1.4 山区及林（牧）区施工应防止误踩深沟、陷阱。应穿硬胶底鞋。不得穿越不明地域、水域，随时保持联系，不得单独远离作业场所。作业完毕，作业负责人应清点人数。

4.9.1.5 山区及林（牧）区施工做好防毒蛇、野兽、毒蜂等生物侵害的措施，施工或外出时应保持联系，应携带必要的应急防卫器械、防护用具及药品。

4.9.2 高海拔地区施工（海拔 3300m 及以上）

4.9.2.1 作业人员应体检合格，并经习服适应后，方可参加施工。作业人员均应定期进行体格检查，并建立个人健康档案。

4.9.2.2 施工现场应配备必要的医疗设备和药品。

4.9.2.3 合理安排劳动强度与时间，为作业人员提供高热量的膳食。

4.9.2.4 根据需要应配备防紫外线灼伤的眼镜、防晒药膏等紫外线防护用品。

4.9.2.5 掏挖基础施工中，必要时应及时进行送风，同时基坑上方要有专责监护人。

4.9.2.6 在进行高处作业时，作业人员应随身携带小型氧气瓶或袋，高处作业时间不应超过 1h。

4.9.2.7 应配备性能满足高海拔施工的机械设备、工器具及交通工具，机械设备、车辆宜配备小型氧气瓶或袋等医疗应急物品。

4.9.2.8 施工或外出时不得单独行动，并应保持联络，应根据实际情况配备食物、饮用水，车辆燃油等应急物品。

4.9.2.9 高原地区施工需要考虑机械出力降效情况，必要时通过试验手段进行测试。

4.9.3 地质灾害、气象灾害地区施工

在地质灾害、气象灾害多发地区，应与当地有关部门保持联系，设专人关注记录当地有关部门发布的预警信息，及时做好应急预防措施。

5 通用施工机械器具

5.1 起 重 机 械

5.1.1 一般规定

5.1.1.1 禁止使用起重机械进行斜拉、斜吊和起吊地下埋设或凝固在地面上的重物以及其他不明重量的物体。

5.1.1.2 吊索与物件的夹角宜采用45°～60°，且不得小于30°或大于120°，吊索与物件棱角之间应加垫块。

5.1.1.3 吊件吊起100mm后应暂停，检查起重系统的稳定性、制动器的可靠性、物件的平稳性、绑扎的牢固性，确认无误后方可继续起吊。对易晃动的重物应拴好控制绳。

5.1.1.4 物件起升和下降速度应平稳、均匀，不得突然制动。

5.1.1.5 禁止起吊物件长时间悬挂在空中，作业中遇突发故障，应采取措施将物件降落到安全地方，并关闭发动机或切断电源后进行检修。无法放下吊物时，应采取适当的保险措施，除排险人员外，任何人员不得进入危险区域。

5.1.1.6 在起吊、牵引过程中，受力钢丝绳的周围、上下方、转向滑车内角侧、吊臂和起吊物的下面，禁止有人逗留和通过。

5.1.1.7 吊物上不可站人，禁止作业人员利用吊钩上升或下降。禁止用起重机械载运人员。

5.1.1.8 禁止起重臂跨越电力线进行作业。

5.1.2 流动式起重机

5.1.2.1 起重机行驶和作业的场地应保持平坦坚实，机身倾斜度不得超过制造厂的规定，其车轮、支腿或履带的前端、外侧与沟、坑边缘的距离不得小于沟、坑深度的1.2倍，小于1.2倍时应采取防倾倒、防坍塌措施。

5.1.2.2 汽车式起重机作业前应支好全部支腿，支腿应加垫木。作业中禁止扳动支腿操纵阀；调整支腿应在无载荷时进行，且应将起重臂转至正前或正后方位。

5.1.2.3 汽车式起重机起吊作业应在起重机的侧向和后向进行；变幅角度或回转半径应与起重量相适应。起重机带载回转时，回转速度要均匀，重物未停稳前，不准作反向操作。向前回转时，臂杆中心线不得越过支腿中心。

5.1.2.4 起吊重物时，重物中心与吊钩中心应在同一垂线上；荷载由多根钢丝绳支承时，宜设置能有效地保证各根钢丝绳受力均衡的装置。作业中发现起重机倾斜、支腿不稳等异常现象时，应立即使重物降落在安全的地方，下降中禁止制动。

5.1.2.5 当吊钩处于作业位置最低点时，卷筒上缠绕的钢丝绳，除固定绳尾的圈数外，放出钢丝绳时，卷筒上应至少保留 3 圈；当吊钩处于作业位置最高点时，卷筒上还宜留有至少 1 整圈的绕绳余量。

5.1.2.6 停机时，应先将重物落地，不得将重物悬在空中停机。

5.1.2.7 起吊作业完毕后，应先将臂杆放在支架上，后起支腿；吊钩应用专用钢丝绳挂牢或固定于规定位置。汽车式起重机禁止吊物行走。

5.1.2.8 履带起重机主臂工况吊物行走时，吊物应位于起重机的正前方，并用绳索拉住，缓慢行走；吊物离地面不得超过 500mm，吊物重量不得超过起重机当时允许起重量的 70%。塔式工况禁止吊物行走。

5.1.2.9 履带起重机行驶时，地面的接地比压要符合说明书的要求，必要时可在履带下铺设路基板，回转盘、臂架及吊钩应固定住，汽车式起重机下坡时不得空挡滑行。

5.1.2.10 作业时，臂架、吊具、辅具、钢丝绳及吊物等与架空输电线及其他带电体之间不得小于安全距离，且应设专人监护。

5.1.2.11 长期或频繁地靠近架空线路或其他带电体作业时，应采取隔离防护措施。

5.1.2.12 加油时禁止吸烟或动用明火。油料着火时，应使用泡沫灭火器或砂土扑灭，禁止用水浇泼。

5.1.3 绞磨和卷扬机

5.1.3.1 绞磨和卷扬机应放置平稳，锚固应可靠，并应有防滑动措施。受力前方不得有人。

5.1.3.2 拉磨尾绳不应少于两人，且应位于锚桩后面、绳圈外侧，不得站在绳圈内，距离绞磨不得小于 2.5m；当磨绳上的油脂较多时应清除。

5.1.3.3 机动绞磨宜设置过载保护装置，不得采用松尾绳的方法卸荷。

5.1.3.4 卷筒应与牵引绳保持垂直。牵引绳应从卷筒下方卷入，且排列整齐，通过磨芯时不得重叠或相互缠绕，在卷筒或磨芯上缠绕不得少于 5 圈，绞磨卷筒与牵引绳最近的转向滑车应保持 5m 以上的距离。

5.1.3.5 机动绞磨和卷扬机不得在载荷的情况下过夜。

5.1.3.6 磨绳在通过磨芯时不得重叠或相互缠绕，当出现该情况时，应停止作业，及时排除故障，不得强行牵引。不得在转动的卷筒上调整牵引绳位置。

5.1.3.7 作业人员不得跨越正在作业的卷扬钢丝绳。物料提升后，操作人员不得离开机械。

5.1.3.8 被吊物件或吊笼下面禁止人员停留或通过。

5.1.3.9 使用卷扬机应遵守下列规定：

a）作业前应进行检查和试车，确认卷扬机设置稳固，防护设施、电气绝缘、离合器、制动装置、保险棘轮、导向滑轮、索具等合格后，方可使用。

b）作业时禁止向滑轮上套钢丝绳，禁止在卷筒、滑轮附近用手扶运行中的钢丝绳，不准跨越行走中的钢丝绳，不准在各导向滑轮的内侧逗留或通过。

c）吊起的重物在空中短时间停留时，应用棘爪锁住，休息时应将物件或吊笼降至地面。

d）作业中如发现异常情况时，应立即停机检查，排除故障后方可使用。

e）卷扬机未完全停稳时不得换挡或改变转动方向。

f）设置导向滑车应对正卷筒中心；导向滑轮不得使用开口拉板式滑轮，滑车与卷筒的距离不应小于卷筒（光面）长度的 20 倍，与有槽卷筒不应小于 15 倍，且应不小于 15m。

g）卷扬机传动部分应安装防护罩。

5.2 施 工 机 械

5.2.1 一般规定

5.2.1.1 作业过程中，操作人员应严格遵循使用说明书规定的操作要求，禁止违章作业，不得擅自离开工作岗位或将机械交给其他无证人员操作。禁止无关人员进入作业区或操作室内。

5.2.1.2 机械作业前，操作人员应接受施工任务和安全技术措施交底。

5.2.1.3 机械的安全防护装置及监测、指示、仪表、报警等自动报警、信号装置应完好齐全。

5.2.1.4 新机、经过大修或技术改造的机械，应按出厂使用说明书的要求和现行有关国家标准进行测试和试运转，特殊机械还应按照有关要求到检测机构进行检测。

5.2.1.5 自制、改装、经过大修或技术改造的机具除应按 DL/T 875《输电线路施工机具设计、试验基本要求》的规定进行试验外，还应经鉴定合格后方可使用。

5.2.1.6 机械在寒冷季节使用，针对机械特点应做好防冻、防滑工作。

5.2.1.7 在机械产生对人体有害的气体、液体、尘埃、渣滓、放射性射线、振动、噪声等场所，应配置相应的安全防护设施和三废处理装置。

5.2.1.8 施工现场应消除对机械作业有妨碍或不安全的因素。夜间作业应设置充足的照明。

5.2.1.9 机械金属外壳应可靠接地。

5.2.2 挖掘机

5.2.2.1 操作挖掘机时进铲不宜过深，提斗不得过猛，挖土高度一般不得超过 4m。

5.2.2.2 挖掘机行驶时，铲斗应位于机械的正前方并离地面 1m 左右，回转机构应制动，上下坡的坡度不得超过 20°。

5.2.2.3 液压挖掘装载机的操作手柄应平顺，臂杆下降中途不得突然停顿。行驶时应将铲斗和斗柄的油缸活塞杆完全伸出，使铲斗、斗柄和动臂靠紧。

5.2.3 推土机

5.2.3.1 向边坡推土时，铲刀不得超出边坡。换好倒挡后方可提铲刀倒车。

5.2.3.2 推土机上下坡时的坡度不得超过 35°，横坡不得超过 10°。

5.2.3.3 推土机在建筑物附近工作时，与建筑物的墙、柱、台阶等的距离不得小于 1m。

5.2.4 装载机

5.2.4.1 装载机工作距离不宜过大，超过合理运距时，应由自卸汽车配合装运作业。自卸汽车的车厢容积应与铲斗容量相匹配。

5.2.4.2 起步前，应先鸣声示意，宜将铲斗提升离地 0.5m。行驶过程中应测试制动器的可靠性并避开路障或高压线等。除规定的操作人员外，不得搭乘其他人员，铲斗不应载人。

5.2.4.3 行驶中，应避免突然转向，铲斗装载后升起行驶时，不得急转弯或紧急制动。

5.2.4.4 不得将铲斗提升到最高位置运输物料。运载物料时，宜保持铲臂下铰点离地面 0.5m 左右，并保持平稳行驶。

5.2.4.5 铲装或挖掘应避免铲斗偏载，不得在收斗或半收斗而未举臂时前进。铲斗装满后，应举臂到距地面约 0.5m 时，再后退、转向、卸料。卸料时，举臂翻转铲斗应低速缓慢动作。

5.2.5 螺旋锚钻进机

5.2.5.1 在电力线路附近作业时，应遵守邻近带电体作业的相关规定。

5.2.5.2 在设备行走前检查机架是否放平，固定好机架方可行驶，行走时遇有尖、硬障碍物时，不得强行通过；禁止仅使用单边履带进行转向操作。

5.2.5.3 在设备选定钻进位置后，应缓慢升起钻进机架，同时检查操作手柄与机架的动作是否协调一致。

5.2.5.4 设备稳固完毕后，应确认动力头下无异物，螺旋锚传扭销牢固，动力头操作手柄复位正常。

5.2.5.5 操作绞盘时，离合手柄应按机械上的标识位置操作，在绞盘每一个状态上进行 1s～2s 的试运行，以确保离合器完全离合到位。

5.2.5.6 绞盘滚筒上至少应保留 5 圈钢丝绳。

5.2.5.7 安装及拆除螺旋锚时应停机并制动。

5.2.5.8 螺旋锚钻起动后怠速运转 3min～5min，检查仪表是否运行正常；检查滑道机构和动力头是否运行正常，确认正常时才能工作。怠速运转时间不得超过 10min。

5.2.5.9 钻进过程中应随时检查螺旋锚钻进机支腿的稳固情况，钻进压力最大不得超过 28MPa，下降压力不得超过 16MPa。

5.2.6 夯实机械

5.2.6.1 夯实机械的操作扶手应绝缘，夯土机械开关箱中的剩余电流动作保护器应符合潮湿场所的要求。操作时，应按规定正确使用绝缘防护用品。

5.2.6.2 操作时，应一人打夯，一人调整电源线。电源线长度不应大于 50m，夯实机前方不得站人，夯实机四周 1m 范围内，不得有非操作人员。多台夯实机械同时工作时，其平列间距不得小于 5m，前后间距不得小于 10m。

5.2.7　凿岩机

5.2.7.1　使用风动凿岩机应遵守下列规定：

a）使用前，应检查风管、水管，不得有漏水、漏气现象，并应采用压缩空气吹出风管内的水分和杂物。

b）开钻前，应检查作业面，周围石质应无松动，场地应清理干净，不得遗留瞎炮。

c）风、水管不得缠绕、打结，并不得受各种车辆碾压。不得用弯折风管的方法停止供气。

d）开孔时，应慢速运转，不得用手、脚去挡钎头。应待孔深达 10mm～15mm 后再逐渐转入全速运转。退钎时，应慢速徐徐拔出，若岩粉较多，应强力吹孔。

e）运转中，当遇卡钎或转速减慢时，应立即减少轴向推力；当钎杆仍不转时，应立即停机排除故障。

f）作业后，应关闭水管阀门，卸掉水管，进行空运转，吹净机内残存水滴，再关闭风管阀门。

5.2.7.2　使用电动凿岩机应遵守下列规定：

a）电缆线不得敷设在水中或在金属管道上通过。施工现场应设标志，不得有机械、车辆等在电缆上通过。

b）钻孔时，当突然卡钎停钻或钎杆弯曲，应立即松开离合器，退回钻机。若遇局部硬岩层时，可操纵离合器缓慢推动，或变更转速和推进量。

c）作业后，应擦净尘土、油污，妥善保管在干燥地点，防止电动机受潮。

5.2.8　混凝土及砂浆搅拌机

5.2.8.1　搅拌机应安置在坚实的地方，用支架或支脚筒架稳，不准以轮胎代替支撑。

5.2.8.2 进料斗升起时，禁止任何人在料斗下通过或停留。作业完毕后应将料斗固定好。

5.2.8.3 运转时，禁止将工具伸进滚筒内。现场检修时，应固定好料斗，切断电源。进入滚筒时，外面应有人监护。

5.2.8.4 作业完毕应将机械内外刷干净，并将料斗升起，挂牢双保险钩后，拉闸断电并锁好电箱门。

5.2.9 混凝土搅拌站

5.2.9.1 搅拌机应搭设能防风、防雨、防晒、防砸的防护棚，在出料口设置安全限位挡墙，操作平台设置应便于搅拌机手操作。

5.2.9.2 采用自动配料机及装载机配合上料时，装载机操作人员要严格执行装载机的各项安全操作规程。

5.2.9.3 搅拌机上料斗升起过程中，禁止在斗下敲击斗身。进料时不得将头、手伸入料斗与机架之间。

5.2.9.4 皮带输送机在运行过程中不得进行检修。皮带发生偏移等故障时，应停车排除故障。不得从运行中的皮带上跨越或从其下方通过。

5.2.9.5 清理搅拌斗下的砂石，应待送料斗提升并固定稳妥后方可进行。清扫闸门及搅拌器应在切断电源后进行。

5.2.9.6 作业后送料斗应收起，挂好双侧安全挂钩，切断电源，锁上电源箱。

5.2.10 混凝土泵送设备

5.2.10.1 泵送管道的敷设应符合下列要求：

a） 水平泵送管道宜直线敷设。

b） 垂直泵送管道不得直接装接在泵的输出口上，应在垂直管前端按规定加装长度带有逆止阀的水平管。

c） 敷设向下倾斜的管道时，应在输出口上加装一段水平管，其长度不应小于倾斜管高低差的 5 倍。

d） 泵送管道应有支承固定，在管道和固定物之间应设置木垫做缓冲，不得直接与钢筋或模板相连，管道与管道间应连接牢靠；管道接头与卡箍应扣牢密封，不得漏浆；不得将已磨损的管道装在后端高压区。

5.2.10.2 泵机运转时，不应将手或铁锹伸入料斗或用手抓握分配阀。当需在料斗或分配阀上作业时，应先关闭电动机，并消除蓄能器压力。

5.2.10.3 泵送混凝土应连续进行。输送管道堵塞时，不得采用加大气压的方法疏堵。

5.2.11 混凝土泵车

5.2.11.1 泵车就位后，应支起支腿并保持机身的水平和稳定。使用布料杆送料时，机身倾斜度不宜大于3°。

5.2.11.2 就位后，泵车应打开停车灯，避免碰撞。

5.2.11.3 不得在地面上拖拉布料杆前端软管；禁止延长布料配管和布料杆。

5.2.11.4 泵车就位地点应平坦坚实，周围无障碍物，上空无高压输电线。泵车不得停放在斜坡上。

5.2.12 磨石机

5.2.12.1 操作人员必须穿胶靴，戴好绝缘手套。

5.2.12.2 磨石机手柄必须套绝缘管。线路采用接零保护，接点不得少于2处，并须安装剩余电流动作保护装置（漏电保护器）。

5.2.12.3 磨块应夹紧，并应经常检查夹具，以免磨石飞出伤人。

5.2.13 混凝土切割机

5.2.13.1 使用前，应检查并确认电动机、电缆线均正常，保护接地良好，防护装置安全有效，锯片、砂轮等选用符合要求，安装正确。

5.2.13.2 起动后，应空载运转，检查并确认锯片运转方向正确，升降机构灵活，运转中无异常、异响，一切正常后，方可作业。

5.2.13.3 混凝土切割操作人员，在推操作切割机时，不得强行进刀。

5.2.13.4 切割厚度应按机械出厂铭牌规定进行，不得超厚切割。

5.2.13.5 混凝土切割时应注意力的变化，防止卡锯片等。

5.2.13.6 混凝土切割作业中，当工件发生冲击、跳动及异常音响时，应立即停机检查，排除故障后，方可继续作业。

5.2.13.7 使用前，应检查并确认电动机、电缆线均正常，保护接地良好，防护装置安全有效，锯片、砂轮等选用符合要求，安装正确。

5.2.14 压光机

5.2.14.1 工作前应检查配件是否固定牢固，其他部位螺钉是否松动。

5.2.14.2 作业前应戴好绝缘手套，穿好绝缘鞋。

5.2.14.3 接通电源后，应检查磨盘旋转方向是否与箭头所示一致。

5.2.14.4 磨盘消耗到一定程度时，停止工作，进行更换后方可继续作业。

5.2.14.5 禁止在机体上以增加重物从而增大负荷的作业方式，来加快磨削速度。

5.2.15 切断机

5.2.15.1 起动前，应检查切刀应无裂纹，刀架螺栓紧固，防护罩牢靠，然后用手转动皮带轮，检查齿轮吻合间隙，调整切刀间隙。

5.2.15.2 起动后，先空机运转，检查传动部分及轴承运转正常后方可使用。

5.2.15.3 机械运转正常后方可断料，断料时手与切刀之间的距离不得小于 150mm，活动刀片前进时不应送料。如手握端小于 400mm 时，应采用套管或夹具将钢筋短头压住或夹牢。

5.2.15.4 切断钢筋不得超过机械的负载能力，切低合金钢等特种钢筋时，应使用高硬度刀片。

5.2.15.5 切长钢筋时应有人扶抬，操作时应动作一致。切短钢筋应用套管或钳子夹料，不得用手直接送料。

5.2.15.6 切断机旁应设放料台，机械运转中不得用手直接清除切刀附近的断头和杂物。在钢筋摆动和切刀周围，非操作人员不得停留。

5.2.16　除锈机

5.2.16.1　操作除锈机时应戴口罩和手套。

5.2.16.2　除锈应在钢筋调直后进行。操作时应将钢筋放平握紧，操作人员应站在钢丝刷的侧面。带钩的钢筋不得上机除锈。整根长钢筋除锈应由两人配合操作，互相呼应。

5.2.17　调直机

5.2.17.1　调直机上不得堆放物件。

5.2.17.2　钢筋送入压滚时，手与曳轮应保持一定距离，不得接近。机械运转中不得调整滚筒。不得戴手套操作。

5.2.17.3　钢筋调直到末端时，严防钢筋甩动伤人。

5.2.17.4　调直短于 2m 或直径大于 9mm 的钢筋时应低速进行。

5.2.18　弯曲机

5.2.18.1　作业台和弯曲机台面要保持水平。

5.2.18.2　按加工钢筋的直径和弯曲半径的要求装好相应规格的芯轴、成型轴、挡铁轴，芯轴直径应为钢筋直径的 2.5 倍。挡铁轴应有轴套。

5.2.18.3　检查并确认芯轴、挡铁轴、转轴等无损坏和裂纹，防护罩紧固可靠。经空运转确认正常后，方可作业。

5.2.18.4　挡铁轴的直径和强度不得小于被弯钢筋的直径和强度。不直的钢筋不得在弯曲机上弯曲。

5.2.18.5　作业中不应更换轴芯、销子以及变换角度和调速，也不得进行清扫和加油。

5.2.19　电焊机

5.2.19.1　雨雪天不应露天电焊作业。在潮湿地带作业时，操作人员应站位于绝缘物上方，并穿绝缘鞋。

5.2.19.2　移动电焊机时，应切断电源，不得用拖拉电缆的方法移动焊机。

5.2.20　点焊机

5.2.20.1　焊机应设在干燥的地方并放置平稳、牢固。焊机应可靠接地，导线应绝缘良好。

5.2.20.2　作业前应清除上下两极油渍和污物。

5.2.20.3　作业前，应先接通控制线路的转换开关和焊接电流的小开关，安插好级数调节开关的闸刀位置，接通水源、气源、控制箱上各调节按钮，最后接通电源。

5.2.20.4　焊机通电后，应检查电气设备、操作机构、冷却系统、气路系统及机体外壳有无漏电等现象。

5.2.20.5　焊接前应根据钢筋截面积调整电压，发现焊头漏电应立即停电更换，不得继续使用。

5.2.20.6　焊接操作时应戴防护眼镜及手套，并站在橡胶绝缘垫或干燥木板上。工作棚应用防火材料搭设，棚内不得堆放易燃易爆物品，并应备有灭火器材。

5.2.21　对焊机

5.2.21.1　对焊机应安置于室内，并有可靠的接地（接零）。如多台对焊机并列安装时，间距不得少于 3m，并应分别接在不同相位的电网上，分别有各自的断路器。

5.2.21.2　作业前，检查对焊机的压力机构应灵活，夹具应牢固，气、液压系统无泄漏，确认正常后，方可施焊。

5.2.21.3　焊接较长钢筋时，应设置托架。配合搬运钢筋的操作人员在焊接时应注意防止火花烫伤。

5.2.21.4　对焊机开关的触点、电极（铜头）应定期检查维修。冷却水管应保持畅通，不得漏水或超过规定温度。

5.2.21.5　焊接操作时应戴防护眼镜及手套，并站在橡胶绝缘垫或干燥木板上。工作棚应用防火材料搭设，棚内不得堆放易燃易爆物品，并应备有灭火器材。

5.2.22　货物提升机

5.2.22.1　物料提升机应根据运送材料、物件的重量进行设计。安装完毕，应经有关部门检测合格后方可使用。

5.2.22.2 搭设物料提升机时，相邻两立杆的接头应错开且不得小于 500mm，横杆与斜撑应同时安装，滑轮应垂直，滑轮间距的误差不得大于 10mm。

5.2.22.3 物料提升机应固定在建筑物上，否则应拉设控制绳。控制绳应每隔 10m～15m 高度设一组，与地面的夹角一般不得大于 60°。

5.2.22.4 物料提升机应设有安全保险装置和过卷扬限制器。

5.2.23 高空作业吊篮

5.2.23.1 高处作业吊篮应按 GB 19155《高处作业吊篮》的规定使用、试验、维护与保养。

5.2.23.2 吊篮安全锁应灵敏可靠，当吊篮平台下滑速度大于 25m/min 时，安全锁应在不超过 100mm 距离内自动锁住悬吊平台的钢丝绳；安全锁应在有效检定期内。

5.2.23.3 吊篮内作业人员的安全带应挂在保险绳上，保险绳单独设在建筑物牢固处。

5.2.23.4 遇有雷雨、大雪及五级以上风力，不得使用吊篮。禁止夜间使用吊篮作业。

5.2.23.5 当吊篮在空中作业时，应把安全锁锁好。

5.2.23.6 吊篮升降应有统一的指挥信号（旗、笛、电铃等），做到指挥信号准确无误。信号不清，司机可拒绝作业。

5.2.23.7 作业完毕或暂停作业，吊篮应落到地面。

5.2.24 机动翻斗车

5.2.24.1 机动翻斗车行驶时不得带人。路面不良、上下坡或急转弯时，应低速行驶；下坡时不应空挡滑行。

5.2.24.2 装载时，材料的高度不得影响操作人员的视线。

5.2.24.3 机动翻斗车向坑槽或混凝土集料斗内卸料时，应保持适当距离，坑槽或集料斗前应有挡车措施，以防翻车。

5.2.24.4 料斗内不应载人。料斗不得在卸料工况下行驶或进行平整地面作业。

5.2.24.5 停车时，应选择适合地点，不得在坡道上停车。

5.2.25 盾构机

5.2.25.1 盾构机应按顺序拼装，并对使用的起重索具逐一检查，可靠后方可吊装。

5.2.25.2 开始作业前，应检查盾构机各部件及注浆、控制、通信、防火、液压、电源、油箱等系统。

5.2.25.3 盾构机不得超负荷作业，运转有异常或振动等现象时，应立即停机进行检查。

5.2.25.4 盾构机的出土皮带运输机应由专人监护。

5.2.25.5 应经常检查盾构机的气体检测装置，核实作业环境气体变化情况，如有毒有害气体浓度高于国家标准或者行业标准规定的限值时，应立即停止作业。

5.2.25.6 主机室内严禁放置杂物，配电柜上禁止放水杯等物品，机内严禁吸烟。

5.3 施工工器具

5.3.1 起重工器具

5.3.1.1 一般规定

5.3.1.1.1 起重滑车、钢丝绳（套）等起重工器具使用前应进行检查。

5.3.1.1.2 起重设备的吊索具和其他起重工具应按出厂说明书和铭牌的规定使用，不准超负荷使用。

5.3.1.1.3 自制或改装起重工器具，应按有关规定进行试验，经鉴定合格后方可使用，并不得超负荷。

5.3.1.2 千斤顶

5.3.1.2.1 油压式千斤顶的安全栓有损坏，或螺旋、齿条式千斤顶的螺纹、齿条的磨损量达 20% 时，禁止使用。

5.3.1.2.2 千斤顶应设置在平整、坚实处，并用垫木垫平。

5.3.1.2.3 千斤顶禁止超载使用，不得加长手柄，不得超过规定人数操作。

5.3.1.2.4 使用油压式千斤顶时，任何人不得站在安全栓的前面。

5.3.1.2.5 用 2 台及 2 台以上千斤顶同时顶升一个物体时，千斤顶的总起重能力应不小于荷重的 2 倍。顶升时应由专人统一指挥，确保各千斤顶的顶升速度及受力基本一致。

5.3.1.3 钢丝绳

5.3.1.3.1 钢丝绳应具有产品检验合格证，并按出厂技术数据选用。

5.3.1.3.2 钢丝绳的安全系数、动荷系数 K_1、不均衡系数 K_2 分别不得小于附录 E 的表 E.1～表 E.3 的规定。

5.3.1.3.3 钢丝绳（套）有下列情况之一者应报废或截除：

a） 钢丝绳在一个节距内的断丝数超过附录 E 的表 E.4 和表 E.5 的规定。

b） 绳芯损坏或绳股挤出、断裂。

c） 笼状畸形、严重扭结或金钩弯折。

d） 压扁严重，断面缩小，实测相对公称直径减小 10%（防扭钢绳 3%）时，未发现断丝也应予以报废。

e） 钢丝绳的钢丝磨损或腐蚀达到钢丝绳实际直径比其公称直径减少 7%或更多者，或钢丝绳受过严重退火或局部电弧烧伤者及化学介质的腐蚀外表出现颜色变化时。

f） 钢丝绳的弹性显著降低，不易弯曲，单丝易折断时。

5.3.1.3.4 钢丝绳端部用绳卡固定连接时，绳卡压板应在钢丝绳主要受力的一边，并不得正反交叉设置。绳卡间距不应小于钢丝绳直径的 6 倍，连接端的绳卡数量应符合附录 E 的表 E.6 的规定。当两根钢丝绳用绳卡搭接时，绳卡数量应增加 50%。绳卡受载一、二次以后应作检查，在多数情况下，螺母需要进一步拧紧。

5.3.1.3.5 插接的环绳或绳套，其插接长度应不小于钢丝绳直径的 15 倍，且不得小于 300mm。

5.3.1.3.6 在捆扎或吊运物件时，不得使钢丝绳直接和物体的棱角相接触。

5.3.1.3.7 钢丝绳使用后应及时除去污物；每年浸油一次，并存放在通风干燥处。对出现润滑剂已发干或变质现象的局部绳段应特别注意保养。

5.3.1.3.8 滑轮、卷筒的槽底或细腰部直径与钢丝绳直径之比：

a）起重滑车：机械驱动时不应小于 11，人力驱动时不应小于 10。

b）绞磨卷筒不应小于 10。

5.3.1.3.9 通过滑车及卷筒的钢丝绳不得有接头；钢绞线不得进入卷筒。

5.3.1.4 编织防扭钢丝绳

5.3.1.4.1 编织防扭钢丝绳应按有关规定进行定期检验。

5.3.1.4.2 编织防扭钢丝绳的使用除应符合本规程 5.3.1.3 的规定外，还应在架线施工前进行专项检查。

5.3.1.4.3 编织防扭钢丝绳不宜通过起重滑车，不得接续插接使用。

5.3.1.4.4 编织防扭钢丝绳的两端应插套，插接长度不应小于绳节距的 4 倍。

5.3.1.4.5 采用铝合金压制接头的钢丝绳应符合 GB/T 6946《钢丝绳铝合金压制接头》。

5.3.1.5 合成纤维吊装带、棕绳（麻绳）和化纤绳（迪尼玛绳）。

5.3.1.5.1 合成纤维吊装带、棕绳（麻绳）和化纤绳（迪尼玛绳）等应选用符合标准的合格产品，禁止超载使用。

5.3.1.5.2 合成纤维吊装带使用前应对吊带进行试验和检查，损坏严重者应做报废处理；合成纤维吊装带使用期间应经常检查吊装带是否有缺陷或损伤；如有任何影响使用的状况发生，所需标识已经丢失或不可辨识，应立即停止使用，送交有资质的部门进行检测；吊装不得拖拉、打结使用，有载时不得转动货物使吊带扭拧；不得使用没有护套的吊带吊装有尖角、棱边的货物；不得长时间悬吊货物。

5.3.1.5.3 棕绳一般仅限于手动操作（经过滑轮）提升物件，或作为控制绳等辅助绳索使用；使用允许拉力不得大于 9.8N/mm^2；旧绳、用于捆绑或在潮湿状态时应按允许拉力减半使用；使用前应逐段检查，霉烂、腐蚀、断股或损伤者不得使用，绳索不得修补使用；捆扎物件时，应避免绳索直接与物件尖锐处接触，不应和有腐蚀性的化学物品接触。

5.3.1.5.4 化纤绳使用前应进行外观检查；使用中应避免刮磨或与热源接触等；绑扎固定不得用直接系结的方式；使用时与带电体有可能接触时，应按 GB/T 13035《带电作业用绝缘绳索》的规定进行试验、干燥、隔潮等。

5.3.1.6 起重滑车

5.3.1.6.1 滑车应按铭牌规定的允许负载使用，如无铭牌，应经计算和试验后重新标识方可使用。

5.3.1.6.2 在受力方向变化较大的场合或在高处使用时应采用吊环式滑车。

5.3.1.6.3 使用开门式滑车时应将门扣锁好。采用吊钩式滑车，应有防止脱钩的钩口闭锁装置。

5.3.1.6.4 滑车的缺陷不得焊补。

5.3.1.6.5 滑车出现下述情况之一时应报废：

a） 裂纹。

b） 轮槽径向磨损量达钢丝绳名义直径的 25%。

c） 轮槽壁厚磨损量达基本尺寸的 10%。

d） 轮槽不均匀磨损量达 3mm。

e） 其他损害钢丝绳的缺陷。

5.3.1.6.6 吊钩出现下列情况之一时应报废：

a） 裂纹。

b） 危险断面磨损量大于基本尺寸的 5%。

c） 吊钩变形超过基本尺寸的10%。

d） 扭转变形超过10°。

e） 危险断面或吊钩颈部产生塑性变形。

5.3.1.6.7 滑车组的钢丝绳不得产生扭绞；使用时滑车组两滑车轴心间的距离不得小于表6的规定。

表6 滑车组两滑车轴心最小允许距离

滑车起重量 t	1	5	10～20	32～50
滑车轴心最小允许距离 mm	700	900	1000	1200

5.3.1.7 卸扣

5.3.1.7.1 不得处于吊件的转角处；不得横向受力。

5.3.1.7.2 销轴不得扣在能活动的绳套或索具内。

5.3.1.7.3 当卸扣有裂纹、塑性变形、螺纹脱扣、销轴和扣体断面磨损达原尺寸3%～5%时，不得使用；卸扣上的缺陷不允许补焊。

5.3.1.7.4 禁止用普通材料的螺栓取代卸扣销轴。

5.3.1.8 链条葫芦和手扳葫芦

5.3.1.8.1 使用前应检查和确认吊钩及封口部件、链条、转动装置及刹车装置可靠，转动灵活正常。

5.3.1.8.2 刹车片禁止沾染油脂和石棉。

5.3.1.8.3 起重链不得打扭，不得拆成单股使用；使用中发生卡链，应将受力部位封固后方可进行检修。

5.3.1.8.4 手拉链或者扳手的拉动方向应与链槽方向一致，不得斜拉硬扳；手动受力值应符合说明书的规定，不得强行超载使用。

5.3.1.8.5 操作人员禁止站在葫芦正下方，不得站在重物上面操作，也不得将重物吊起后停留在空中而离开现场，起吊过程中禁止任何人在重物下行走或停留。

5.3.1.8.6 带负荷停留较长时间或过夜时，应采用手拉链或扳手绑扎在起重链上，并采取保险措施。

5.3.1.8.7 起重能力在5t以下的允许一人拉链，起重能力在5t以上的允许两人拉链，不得随意增加人数猛拉。

5.3.1.8.8 2台及2台以上链条葫芦起吊同一重物时，重物的重量应不大于每台链条葫芦的允许起重量。

5.3.2 电动工器具

5.3.2.1 一般规定

5.3.2.1.1 电动工器具的单相电源线应选用带有PE线芯的三芯软橡胶电缆，三相电源线应选用带有 PE 线芯的五芯软橡胶电缆；接线时，电缆线护套应穿进设备的接线盒内并予以固定。

5.3.2.1.2 电动工器具使用前应检查下列各项：

a） 外壳、手柄无裂缝、无破损。

b） 保护接地线或接零线连接正确、牢固。

c） 电缆或软线完好。

d） 插头完好。

e） 开关动作正常、灵活、无缺损。

f） 电气保护装置完好。

g） 机械防护装置完好。

h） 转动部分灵活。

i） 是否有检测标识。

5.3.2.1.3 电动工器具的绝缘电阻应定期用500V的绝缘电阻表进行测量，如带电部件与外壳之间绝缘电阻值达不到 2MΩ 时，应进行维修处理。绝缘电阻的测量数据应符合表7的规定。

表7 电动工器具绝缘电阻

测量部位	绝缘电阻 MΩ		
	Ⅰ类工具	Ⅱ类工具	Ⅲ类工具
带电零件与外壳之间	2	7	1

5.3.2.1.4 电动工器具的电气部分经维修后，应进行绝缘电阻测量及绝缘耐压试验。绝缘耐压试验：时间应维持 1min，试验方法见表 8。

表 8　绝 缘 耐 压 试 验

试验电压的施加部位	试验电压 V		
	Ⅰ类工具	Ⅱ类工具	Ⅲ类工具
带电零件与外壳之间仅由基本绝缘与带电零件间隔	1250	—	500
带电零件与外壳之间由加强绝缘与带电零件间隔	3750	3750	—

5.3.2.1.5 连接电动机具的电气回路应单独设开关或插座，并装设剩余电流动作保护装置（漏电保护器），金属外壳应接地；1 台剩余电流动作保护装置（漏电保护器）不得控制 2 台及以上电动工具。

5.3.2.1.6 使用电动扳手时，应将反力矩支点靠牢并确实扣好螺帽后方可开动。

5.3.2.1.7 电动机具的操作开关应置于操作人员伸手可及的部位。当休息、下班或作业中突然停电时，应切断电源侧开关。

5.3.2.1.8 使用可携式或移动式电动工具时，应戴绝缘手套或站在绝缘垫上；移动工具时，不得提着电线或工具的转动部分。

5.3.2.1.9 在一般作业场所（包括金属构架上），应使用Ⅱ类电动工具（带绝缘外壳的工具）。在潮湿或含有酸类的场地上以及在金属容器内应使用 24V 及以下电动工具，否则应使用带绝缘外壳的工具，并装设额定动作电流不大于 10mA 的一般型（无延时）剩余电流动作保护装置（漏电保护器），且应设专人不间断地监护。剩余电流动作保护器装置（漏电保护器）、电源连接器和控制箱等应放在容器外面。电动工具的开关应设在监护人伸手可及的地方。

5.3.2.1.10 磁力吸盘电钻的磁盘平面应平整、干净、无锈，进行侧钻或仰钻时，应采取防止失电后钻体坠落的措施。

5.3.2.2 砂轮机

5.3.2.2.1 更换新砂轮时，应切断总电源，同时安装前应检查砂轮片是否有裂纹。

5.3.2.2.2 砂轮机应配有支承加工件的托架。工件托架应坚固和易于调节。

5.3.2.2.3 使用者要戴防护镜，站在侧面操作，不得正对砂轮。

5.3.2.2.4 使用砂轮机时，不准戴手套，禁止使用棉纱等物包裹刀具进行磨削。

5.3.2.2.5 在同一块砂轮上，禁止两人同时使用，更不准在砂轮的侧面磨削。

5.3.2.2.6 砂轮不准沾水，要经常保持干燥。

5.3.2.2.7 不得单手持工件进行磨削，防止脱落在防护罩内卡破砂轮。

5.3.2.2.8 磨削完毕，应关闭电源，不要让砂轮机空转，同时要应经常清除防护罩内积尘，并定期检修更换主轴润滑油脂。

5.3.2.3 切割机

5.3.2.3.1 切割前应对电源开关、锯片的松紧度、锯片护罩或安全挡板进行详细检查，操作台应稳固。

5.3.2.3.2 加工的工件应夹持牢靠，禁止工件装夹不紧就开始切割。

5.3.2.3.3 禁止在砂轮平面上修磨工件的毛刺，防止砂轮片碎裂。

5.3.2.3.4 切割时，操作者应偏离砂轮片正面，并戴好防护眼镜。

5.3.2.3.5 护罩未到位时不得操作，不得将手放在距锯片 150mm 以内。

5.3.2.3.6 出现有不正常声音，应立刻停止检查；维修或更换配件前应先切断电源，并等锯片完全停止。

5.3.2.3.7 砂轮片有效半径磨损到原半径的 1/3 时，应更换。

5.3.2.4 台钻（钻床）

5.3.2.4.1 操作人员应穿工作服、扎紧袖口，作业时不得戴手套，头发、发辫应盘入帽内。

5.3.2.4.2 钻具、工件均应固定牢固。薄件和小工件施钻时，不得直接用手扶持。

5.3.2.4.3 大工件施钻时，除用夹具或压板固定外，还应加设支撑。

5.3.2.4.4 钻孔时不可用手直接拉切屑，也不能用纱头或嘴吹清除切屑。头部与钻床旋转部分应保持安全距离，机床未停稳，不得转动变速盘变速，禁止用手把握未停稳的钻头或钻夹头。

5.3.2.4.5 清除铁屑要用毛刷等工具，不得用手直接清理。

5.3.2.5 插入式振动器

5.3.2.5.1 插入式振动器的电动机电源上，应安装剩余电流动作保护装置（漏电保护器），接地或接零应安全可靠，作业时操作人员应穿戴绝缘胶鞋和绝缘手套。

5.3.2.5.2 振动器不得在初凝的混凝土、地板、脚手架和干硬的地面上进行试振。

5.3.2.5.3 作业时，振动器软管的弯曲半径不得小于 500mm，操作时应将振动棒垂直地沉入混凝土中，插入深度不应超过棒长的3/4，不宜触及钢筋、模板及预埋件。

5.3.2.5.4 禁止用电缆线拖拉或吊挂振动器。

5.3.2.5.5 作业停止时，应先关闭电动机，再切断电源。

5.3.2.6 电动弯管机

5.3.2.6.1 弯管机上的液压部分密封可靠，油路工作正常，专人操作，不得用软管拖拉弯管机，作业区域禁止闲人逗留或行走。

5.3.2.6.2 拆卸钢管及更换模具时，操作人员应戴手套、以防毛刺伤手。

5.3.3 液压工器具

5.3.3.1 一般规定

5.3.3.1.1 液压工器具使用前应检查下列各部件：

a） 油泵和液压机具应配套。

b） 各部部件应齐全。

c） 液压油位足够。

d） 加油通气塞应旋松。

e） 转换手柄应放在零位。

f） 身应可靠接地。

g） 施压前应将压钳的端盖拧满扣，防止施压时端盖蹦出。

5.3.3.1.2 夏季使用电动液压工器具时应防止暴晒，其液压油油温不得超过 65℃。冬季如遇油管冻塞时，不得用火烤解冻。

5.3.3.1.3 安装部件时，不得按动手柄的开关。

5.3.3.2 液压顶推装置

5.3.3.2.1 使用前检查油泵、油管路、密封垫、仪表等工作性能是否正常，滑动面有无障碍，限位装置和安全防护装置是否可靠。

5.3.3.2.2 设置专人操作，禁止油缸超行程使用，检查和观测顶推形成的平衡推进，及时调整偏差。

5.3.4 风动工器具

5.3.4.1 起动前，首先检查确认工具及其防护装置完好，夹紧正常，无松脱，气路密封良好，气管应无老化，腐蚀；压力源处安全装置完好。风管联结处牢固，工具部分无裂纹、毛刺。

5.3.4.2 起动时，首先试运转。开动后应平稳无剧烈振动，动态进行检查无误，再行作业。

5.3.4.3 各种规格的风管耐风压要符合要求，各种管接头应无泄漏。

5.3.4.4 风动工具应保持自动关闭阀完好，保证在操作时，只有用力起动开动，才能作业。

5.3.4.5 风锤、风镐、风枪等冲击性风动工具应在置于工作状态后方可通气、使用。用风钻打眼时，手不得离开钻把上的风门，禁止骑马式作业。更换钻头应先关闭风门。

5.3.4.6 风动工具使用时，风管附近不得站人。

5.3.4.7 风管不得弯成锐角。风管遭受挤压或损坏时，应立即停止使用。

5.3.4.8 更换工具附件应待余气排尽后方可进行。

5.3.4.9 禁止用氧气作为风动工具的气源。

5.3.5 气动工器具

5.3.5.1 空气压缩机

5.3.5.1.1 空气压缩机作业区应保持清洁和干燥。贮气罐应放在通风良好处，距贮气罐 15m 以内不得进行焊接或加热作业。

5.3.5.1.2 输气胶管应保持畅通，不得扭曲，开启送气阀前，应将输气管道连接好，并通知现场有关人员后方可送气。在出气口前方，不得有人作业或站立。

5.3.5.1.3 每作业 2h，应将液气分离器、中间冷却器、后冷却器内的油水排放一次。贮气罐内的油水每班应排放 1 次～2 次。

5.3.5.1.4 运转中，在缺水而使气缸过热停机时，应待气缸自然降温至 60℃以下时，方可加水。

5.3.5.1.5 当电动空气压缩机运转中突然停电时，应立即切断电源，等来电后重新在无载荷状态下起动。

5.3.5.1.6 贮气罐和输气管路每 3 年应做水压试验一次。

5.3.5.1.7 空气压缩机应保持润滑良好，压力表准确，自动起、停装置灵敏，安全阀可靠，并应由专人维护；压力表、安全阀及调节器等应定期进行校验。

5.3.5.1.8 禁止用汽油或煤油洗刷空气滤清器以及其他空气通路的零件。

5.3.6 其他工器具

5.3.6.1 喷灯

5.3.6.1.1 使用前发现漏气、漏油者，禁止使用。禁止放在火炉上加热。加油不可太满，充气气压不应过高。

5.3.6.1.2 燃着后禁止倒放，禁止加油。在易燃物附近，禁止使用喷灯。作业场所应空气流通。

5.3.6.1.3 在带电区附近使用喷灯时，火焰与带电部分的距离应满足表 9 的要求。

表 9　喷灯火焰与带电部分的最小允许距离

电压等级 kV	<1	1～10	>10
最小允许距离 m	1	1.5	3

5.3.6.1.4　液化气喷灯在室内使用时，应保持良好的通风，以防中毒。

5.3.6.1.5　使用完毕应及时放气，并开关一次油门，以避免油门堵塞。

5.3.6.2　大锤、手锤、手斧等甩打性工具的把柄应用坚韧的木料制作，锤头应用金属背楔加以固定。打锤时，握锤的手不得戴手套，挥动方向不得对人。

5.4　安全工器具

5.4.1　一般规定

5.4.1.1　安全工器具包括防止触电、灼伤、坠落、摔跌、中毒、窒息、火灾、雷击、淹溺等事故或职业危害，保障作业人员人身安全的个体防护装备、绝缘安全工器具、登高工器具、安全围栏（网）和标志牌等专用工具和器具的管理应符合《国家电网公司电力安全工器具管理规定》[国网（安监）/4）289–2014]。

5.4.1.2　安全工器具的制造与使用应符合国家和行业有关的法律、行政法规、强制性标准及技术规程的要求。

5.4.1.3　无生产许可证、产品合格证、安全鉴定证及生产日期的安全工器具，禁止采购和使用。

5.4.1.4　安全工器具应设专人管理；收发应严格履行验收手续，并按照相关规定和使用说明书检查、使用、试验、存放和报废。

5.4.1.5　安全工器具不得接触高温、明火、化学腐蚀物及尖锐物体，不得移作他用。

5.4.1.6 安全工器具每次使用前，应进行可靠性检查，尤其是带电作业工具使用前，仔细检查确认没有损坏、受潮、脏污、变形、失灵，否则禁止使用。

5.4.1.7 安全工器具禁止随意改动和更换部件。

5.4.1.8 安全工器具应按相关规定、标准应进行定期试验。试验要求参见附录 D 的表 D.2～表 D.4。

5.4.1.9 安全工器具符合下列条件之一者，即予以报废：

a） 经试验或检验不符合国家或行业标准的。

b） 超过有效使用期限，不能达到有效防护功能指标的。

c） 外观检查明显损坏影响安全使用的。

5.4.2 个体防护装备

5.4.2.1 安全帽

5.4.2.1.1 永久标识和产品说明等标识清晰完整，安全帽的帽壳、帽衬（帽箍、吸汗带、缓冲垫及衬带）、帽箍扣、下颏带等组件完好无缺失。

5.4.2.1.2 帽壳内外表面应平整光滑，无划痕、裂缝和孔洞，无灼伤、冲击痕迹。

5.4.2.1.3 帽衬与帽壳连接牢固，后箍、锁紧卡等开闭调节灵活，卡位牢固。

5.4.2.1.4 使用期从产品制造完成之日起计算；塑料和纸胶帽不得超过两年半；玻璃钢（维纶钢）橡胶帽不超过 3 年半。使用期满后，要进行抽查测试合格后方可继续使用，抽检时，每批从最严酷使用场合中抽取，每项试验试样不少于 2 顶，以后每年抽检一次，有 1 顶不合格则该批安全帽报废。

5.4.2.1.5 任何人员进入生产、施工现场应正确佩戴安全帽。针对不同的生产场所，根据安全帽产品说明选择适用的安全帽。

5.4.2.1.6 安全帽戴好后，应将帽箍扣调整到合适的位置，锁紧下颚带，防止作业中前倾后仰或其他原因造成滑落。

5.4.2.1.7 受过一次强冲击或做过试验的安全帽不能继续使用，应予以报废。

5.4.2.2 安全带

5.4.2.2.1 商标、合格证和检验证等标识清晰完整，各部件完整无缺失、无伤残破损。

5.4.2.2.2 腰带、围杆带、肩带、腿带等带体无灼伤、脆裂及霉变，表面不应有明显磨损及切口；围杆绳、安全绳无灼伤、脆裂、断股及霉变，各股松紧一致，绳子应无扭结；护腰带接触腰的部分应垫有柔软材料，边缘圆滑无角。

5.4.2.2.3 金属配件表面光洁，无裂纹、无严重锈蚀和目测可见的变形，配件边缘应呈圆弧形；金属环类零件不允许使用焊接，不应留有开口。

5.4.2.2.4 金属挂钩等连接器应有保险装置，应在两个及以上明确的动作下才能打开，且操作灵活。钩体和钩舌的咬口应完整，两者不得偏斜。各调节装置应灵活可靠。

5.4.2.2.5 安全带穿戴好后应仔细检查连接扣或调节扣，确保各处绳扣连接牢固。

5.4.2.2.6 在电焊作业或其他有火花、熔融源等场所使用的安全带或安全绳应有隔热防磨套。

5.4.2.2.7 安全带的挂钩或绳子应挂在结实牢固的构件或挂安全带专用的钢丝绳上，并应采用高挂低用的方式。

5.4.2.2.8 禁止将安全带系在移动或不牢固的物件上[如隔离开关（刀闸）支持绝缘子、瓷横担、未经固定的转动横担、线路支柱绝缘子、避雷器支柱绝缘子等]。

5.4.2.3 安全绳

5.4.2.3.1 安全绳应光滑、干燥，无霉变、断股、磨损、灼伤、缺口等缺陷。所有部件应顺滑，无材料或制造缺陷，无尖角或锋利边缘。护套（如有）应完整不破损。

5.4.2.3.2 织带式安全绳的织带应加锁边线，末端无散丝；纤维绳式安全绳绳头无散丝；钢丝绳式安全绳的钢丝应捻制均匀、紧密、不松散，中间无接头；链式安全绳下端环、连接环和中间环的各环间转动灵活，链条形状一致。

5.4.2.3.3 在高温、腐蚀等场合使用的安全绳，应穿入整根具有耐高温、抗腐蚀的保护套，或采用钢丝绳式安全绳。

5.4.2.3.4 安全绳的连接应通过连接扣连接，在使用过程中不应打结。

5.4.2.4 连接器

5.4.2.4.1 连接器表面光滑，无裂纹、褶皱，边缘圆滑无毛刺，无永久性变形和活门失效等现象。

5.4.2.4.2 连接器应操作灵活，扣体钩舌和闸门的咬口应完整，两者不得偏斜，应有保险装置，经过两个及以上的动作才能打开。

5.4.2.4.3 有自锁功能的连接器活门关闭时应自动上锁，在上锁状态下必须经两个以上动作才能打开。

5.4.2.4.4 手动上锁的连接器应确保必须经两个以上动作才能打开，有锁止警示的连接器锁止后应能观测到警示标志。

5.4.2.4.5 使用连接器时，受力点不应在连接器的活门位置。

5.4.2.4.6 不应多人同时使用同一个连接器作为连接或悬挂点。

5.4.2.5 速差自控器

5.4.2.5.1 速差自控器的各部件完整无缺失、无伤残破损，外观应平滑，无材料和制造缺陷，无毛刺和锋利边缘。

5.4.2.5.2 钢丝绳速差器的钢丝应绞合均匀紧密，不得有叠痕、突起、折断、压伤、锈蚀及错乱交叉的钢丝。

5.4.2.5.3 用手将速差自控器的安全绳（带）进行快速拉出，速差自控器应能有效制动并完全回收。

5.4.2.5.4 速差自控器应系在牢固的物体上，禁止系挂在移动或不牢固的物件上。不得系在棱角锋利处。速差自控器拴挂时禁止低挂高用。

5.4.2.5.5 使用时应认真查看速差自控器防护范围及悬挂要求。

5.4.2.5.6 速差自控器应连接在人体前胸或后背的安全带挂点上，移动时应缓慢，禁止跳跃。

5.4.2.5.7 禁止将速差自控器锁止后悬挂在安全绳（带）上作业。

5.4.2.6 攀登自锁器

5.4.2.6.1 自锁器各部件完整无缺失，本体及配件应无目测可见的凹凸痕迹。本体为金属材料时，无裂纹、变形及锈蚀等缺陷，所有铆接面应平整、无毛刺，金属表面镀层应均匀、光亮，不允许有起皮、变色等缺陷；本体为工程塑料时，表面应无气泡、开裂等缺陷。

5.4.2.6.2 自锁器上的导向轮应转动灵活，无卡阻、破损等缺陷。

5.4.2.6.3 使用时应查看自锁器安装箭头，正确安装自锁器。

5.4.2.6.4 自锁器与安全带之间的连接绳不应大于 0.5m，自锁器应连接在人体前胸或后背的安全带挂点上。

5.4.2.6.5 在导轨（绳）上手提自锁器，自锁器在导轨（绳）上应运行顺滑，不应有卡住现象，突然释放自锁器，自锁器应能有效锁止在导轨（绳）上。

5.4.2.6.6 禁止将自锁器锁止在导轨（绳）上作业。

5.4.2.7 缓冲器

5.4.2.7.1 缓冲器所有部件应平滑，无材料和制造缺陷，无尖角或锋利边缘。

5.4.2.7.2 织带型缓冲器的保护套应完整，无破损、开裂等现象。

5.4.2.7.3 缓冲器与安全绳及安全带配套使用时，作业高度要足以容纳安全绳和缓冲器展开的安全坠落空间。

5.4.2.7.4 缓冲器禁止多个串联使用。

5.4.2.7.5 缓冲器与安全带、安全绳连接应使用连接器，禁止绑扎使用。

5.4.2.8 个人保安线

5.4.2.8.1 保安线应用多股软铜线，其截面不得小于 16mm^2；保安线的绝缘护套材料应柔韧透明，护层厚度大于 1mm。护套应无孔洞、撞伤、擦伤、裂缝、龟裂等现象，导线无裸露、无松股、中间无接头、断股和发黑腐蚀。汇流夹应由 T3 或 T2 铜制成，压接后应无裂纹，与保安线连接牢固。

5.4.2.8.2 线夹完整、无损坏，线夹与电力设备及接地体的接触面无毛刺。

5.4.2.8.3 保安线应采用线鼻与线夹相连接，线鼻与线夹连接牢固，接触良好，无松动、腐蚀及灼伤痕迹。

5.4.2.8.4 个人保安线仅作为预防感应电使用，不得以此代替工作接地线。只有在工作接地线挂好后，方可在工作相上挂个人保安线。

5.4.2.8.5 作业地段如有邻近、平行、交叉跨越及同杆塔架设线路，为防止停电检修线路上感应电压伤人，在需要接触或接近导线作业时，应使用个人保安线。

5.4.2.8.6 个人保安线应在杆塔上接触或接近导线的作业开始前挂接，作业结束脱离导线后拆除。

5.4.2.8.7 装设时，应先接接地端，后接导线端，且接触良好、连接可靠。拆个人保安线的顺序与此相反。个人保安线由作业人员负责自行装、拆。

5.4.2.8.8 在杆塔或横担接地通道良好的条件下，个人保安线接地端允许接在杆塔或横担上。

5.4.3 绝缘安全工器具

5.4.3.1 电容型验电器

5.4.3.1.1 电容型验电器的额定电压或额定电压范围、额定频率（或频率范围）、生产厂名和商标、出厂编号、生产年份、适用气候类型（D、C 和 G）、检验日期及带电作业用（双三角）符号等标识清晰完整。

5.4.3.1.2 验电器的各部件，包括手柄、护手环、绝缘元件、限度标记（在绝缘杆上标注的一种醒目标志，向使用者指明应防止标志以下部分插入带电设备中或接触带电体）和接触电极、指示器和绝缘杆等均应无明显损伤。

5.4.3.1.3 绝缘杆应清洁、光滑，绝缘部分应无气泡、皱纹、裂纹、划痕、硬伤、绝缘层脱落、严重的机械或电灼伤痕。伸缩型绝缘杆各节配合合理，拉伸后不应自动回缩。

5.4.3.1.4 非雨雪型电容型验电器不得在雷、雨、雪等恶劣天气时使用。

5.4.3.1.5 手柄与绝缘杆、绝缘杆与指示器的连接应紧密牢固。

5.4.3.1.6 验电器的规格应符合被操作设备的电压等级。

5.4.3.1.7 自检三次，指示器均应有视觉和听觉信号出现。

5.4.3.1.8 操作前，验电器杆表面应用清洁的干布擦拭干净，使表面干燥、清洁。并在有电设备上进行试验，确认验电器良好；无法在有电设备上进行试验时可用高压发生器等确证验电器良好。

5.4.3.1.9 操作时，应戴绝缘手套，穿绝缘靴。使用抽拉式电容型验电器时，绝缘杆应完全拉开。人体应与带电设备保持足够的安全距离，操作者的手握部位不得越过护环，以保持有效的绝缘长度。

5.4.4 登高工器具

5.4.4.1 梯子

5.4.4.1.1 升降梯升降灵活，锁紧装置可靠。铝合金折梯铰链牢固，开闭灵活，无松动。

5.4.4.1.2 折梯限制开度装置完整牢固。延伸式梯子操作用绳无断股、打结等现象，升降灵活，锁位准确可靠。

5.4.4.1.3 梯子应能承受作业人员及所携带的工具、材料攀登时的总重量。

5.4.4.1.4 梯子不得接长或垫高使用。如需接长时，应用铁卡子或绳索切实卡住或绑牢并加设支撑。

5.4.4.1.5 梯子应放置稳固，梯脚要有防滑装置。使用前，应先进行试登，确认可靠后方可使用。有人员在梯子上作业时，梯子应有人扶持和监护。

5.4.4.1.6　梯子与地面的夹角应为60°左右，作业人员应在距梯顶1m以下的梯蹬上作业。

5.4.4.1.7　人字梯应具有坚固的铰链和限制开度的拉链。

5.4.4.1.8　靠在管子上、导线上使用梯子时，其上端需用挂钩挂住或用绳索绑牢。

5.4.4.1.9　在通道上使用梯子时，应设监护人或设置临时围栏。梯子不准放在门前使用，必要时采取防止门突然开启的措施。

5.4.4.1.10　禁止人在梯子上时移动梯子，禁止上下抛递工具、材料。

5.4.4.1.11　在变电站高压设备区或高压室内应使用绝缘材料的梯子，禁止使用金属梯子。搬动梯时，应放倒两人搬运，并与带电部分保持安全距离。

5.4.4.2　软梯

5.4.4.2.1　标志清晰，每股绝缘绳索及每股线均应紧密绞合，不得有松散、分股的现象。

5.4.4.2.2　绳索各股及各股中丝线均不应有叠痕、凸起、压伤、背股、抽筋等缺陷，不得有错乱、交叉的丝、线、股。

5.4.4.2.3　接头应单根丝线连接，不允许有股接头。单丝接头应封闭于绳股内部，不得露在外面。

5.4.4.2.4　使用软梯进行移动作业时，软梯上只准一人作业。作业人员到达梯头上进行作业和梯头开始移动前，应将梯头的封口可靠封闭，否则应使用保护绳防止梯头脱钩。

5.4.4.2.5　在瓷横担线路上禁止挂梯作业，在转动横担的线路上挂梯前应将横担固定。

6 建 筑 工 程

6.1 土 石 方 施 工

6.1.1 一般规定

6.1.1.1 在有电缆、光缆及管道等地下设施的地方开挖时，应事先取得有关管理部门的同意，并有相应的安全措施且有专人监护。

6.1.1.2 挖掘区域内如发现不能辨认的物品、地下埋设物、古物等，禁止擅自敲拆，应上报处理后方可继续施工。

6.1.1.3 在深坑及井内作业应采取可靠的防塌措施，坑、井内的通风应良好。在作业中应定时检测是否存在有毒气体或异常现象，发现危险情况应立即停止作业，采取可靠措施后，方可恢复施工。

6.1.1.4 挖掘施工区域应设围栏及安全标志牌，夜间应挂警示灯，围栏离坑边不得小于 0.8m。夜间进行土石方作业应设置足够的照明，并设专人监护。

6.1.1.5 基坑开挖施工过程应加强监测和预报，发现危险征兆时，应立即采取措施，处理完毕后方可继续施工。

6.1.1.6 基坑应有可靠的扶梯或坡道，作业人员不得攀登挡土板支撑上下，不得在基坑内休息。

6.1.1.7 堆土应距坑边 1m 以外，高度不得超过 1.5m。

6.1.1.8 寒冷地区基坑开挖应严格按规定放坡。解冻期施工，应对基坑和基础桩支护进行检查，无异常情况后，方可施工。

6.1.1.9 开挖边坡值应满足设计要求。无设计要求时，应符合表 10 的规定。

表 10 各类土质的坡度

土质类别		坡度（深:宽）
砂土		1:1.25～1:1.50
一般性黏土	硬	1:0.75～1:1.00
	硬、塑	1:1.00～1:1.25
	软	1:1.50 或更缓
碎石类土	充填坚硬、硬塑黏性土	1:0.50～1:1.00
	充填砂土	1:1.00～1:1.50
注：如采用降水或其他加固措施，可不受本表限制，但应计算复核。		

6.1.1.10 基坑（槽）开挖后，应及时进行地下结构、安装工程和基坑（槽）回填施工。

6.1.1.11 基坑回填时，应有防止坑外建筑物、设备基础、沟道、管线沉降、裂缝等情况出现的措施。

6.1.2 降排水

6.1.2.1 应制定施工区域临时排水方案，排水不得破坏相邻建（构）筑物地基和挖、填土石方边坡。

6.1.2.2 基坑内外应设集水坑和排水沟，集水坑应每隔一定距离设置，排水沟应有一定坡度。

6.1.2.3 基坑边坡应进行防护，防止雨水侵蚀。

6.1.2.4 开挖低于地下水位的基坑时，应合理选用降水措施。降水过程中应对重要建筑物或公共设施进行监测。

6.1.2.5 水泵等降排水设备使用前应经检查合格，确保其绝缘和密封性能良好。检查、移动水泵等降排水设备时，应可靠切断电源。

6.1.2.6 井点降水应符合下列规定：

a） 应制定井点降水施工方案。

b） 冲、钻孔机操作时应安放平稳，防止机具突然倾倒或钻具下落。

c） 已成孔尚未下井点管前，井孔应用盖板封严。

d） 所用设备的安全性能应良好，水泵接管应牢固、卡紧。作业时不得将带压管口对准人体。

e） 有车辆或施工机械通过区域，应对敷设的井点防护、加固。

f） 降水完成时，应及时将井填实。

6.1.3 基坑支护

6.1.3.1 基坑支护应保证基坑周边建（构）筑物、地下管线、道路的安全使用和主体地下结构的施工空间。

6.1.3.2 在坑沟边使用机械挖土时，应计算支撑强度，确保作业安全。

6.1.3.3 支撑结构的施工应先撑后挖，更换支撑应先装后拆。基坑挖土时不得碰动支撑。

6.1.3.4 支撑安装位置不得随意变更，并应使围檩与挡土桩墙结合紧密。挡土板或板桩与坑壁间的回填土应分层回填夯实。

6.1.3.5 安设固壁支撑时，支撑木板应严密靠紧于沟、槽、坑的两壁，并用支撑与支柱将其固定牢靠。

6.1.3.6 固壁支撑所用木料不得腐坏、断裂，板材厚度不小于50mm，撑木直径不小于100mm。

6.1.3.7 锚杆支撑时，应合理布置锚杆的间距与倾角，锚杆上下间距不宜小于2m，水平间距不宜小于1.5m；锚杆倾角宜为15°～25°，且不应大于45°。最上一道锚杆覆土厚度不得小于4m。

6.1.3.8 钢筋混凝土支撑时，其强度达设计要求后，方可开挖支撑面以下土方。

6.1.3.9 钢结构支撑时，应严格材料检验，不得在负载状态下进行焊接。

6.1.4 人工开挖

6.1.4.1 人工开挖基坑，应先清除坑口浮土，向坑外抛扔土石时，应防止土石回落伤人。当基坑深度达 2m 时，宜用取土器械取土，不得用锹直接向坑外抛扔土。取土机械不得与坑壁刮擦。

6.1.4.2 应自上而下进行开挖，不得采用掏空倒挖的施工方法。不同深度的相邻基础应按先深后浅的施工顺序进行。

6.1.4.3 挖掘作业人员之间，横向间距不得小于 2m，纵向间距不得小于 3m；坑底面积超过 $2m^2$ 时，可由两人同时挖掘，但不得面对面作业。

6.1.4.4 人工撬挖土石方时应遵守下列规定：

a） 边坡开挖时，应由上往下开挖，依次进行。不得上、下坡同时撬挖。

b） 应先清除山坡上方浮土、石；土石滚落下方不得有人，并设专人监护。

c） 人工打孔时，打锤人不得戴手套，并应站在扶钎人的侧面。

d） 在悬岩陡坡上作业时应设置防护栏杆并系安全带。

6.1.4.5 人工清理或装卸石方应遵守下列规定：

a） 不便装运的大石块应劈成小块。用铁锲劈石时，操作人员间距不得小于 1m；用锤劈石时，操作人员间距不得小于 4m。操作人员应戴防护眼镜。

b） 斜坡堆放弃土应采取安全措施。

b） 用手推车、斗车或汽车卸渣时，车轮距卸渣边坡或槽边距离不得小于 1m。

6.1.5 机械开挖

6.1.5.1 用凿岩机或风钻打孔时，操作人员应戴口罩和风镜，手不得离开钻把上的风门，更换钻头应先关闭风门。

6.1.5.2 使用液压劈裂机进行胀裂作业时，手持部位应正确，不得接触活塞顶等活动部分。多台胀裂机同时作业时，应检查液压油管分路正确。

6.1.5.3 采用大型机械挖掘土石方时，应对机械的停放、行走、运土石的方法与挖土分层深度等制定施工方案。

6.1.5.4 挖掘机开挖时遵守下列规定：

a） 应避让作业点周围的障碍物及架空线。

b） 禁止人员进入挖斗内，禁止在伸臂及挖斗下面通过或逗留。

c） 不得利用挖斗递送物件。

d） 暂停作业时，应将挖斗放到地面。

e） 挖掘机作业时，在同一基坑内不应有人员同时作业。

6.1.6 无声破碎

6.1.6.1 使用无声破碎剂进行无声爆破时，应在现场调制药剂，随调随灌，不得用手直接接触药剂。运输和存放中应做好防潮隔离措施，开封后应立即使用。禁止将无声破碎剂加水后装入小孔容器内。

6.1.6.2 施工时操作人员应戴防护眼镜，头（特别是眼睛）应偏离孔口，以防喷浆伤害。

6.1.6.3 施工中应依照厂家规定控制抑制剂和促发剂反应时间，并按其要求配制使用，禁止擅自在产品中加入其他化学物品。

6.1.6.4 操作完毕，直到被破物开裂前，被破物附近不得有人畜。

6.2 爆 破 施 工

6.2.1 爆破施工单位应按规定取得相应资质，作业人员应取得相应资格，爆破器材均应符合国家标准。

6.2.2 爆破工程应签订合同及安全协议，在国家批准的允许经营范围内施工。

6.2.3 爆破工程应严格遵守 GB 6722《爆破安全规程》的规定。

6.2.4 山区杆塔基础开挖，因岩石地质等原因，需要使用爆破形式开挖基坑时，应选择具有相关资质的民爆公司实施，配合做好向当地公安部门申请、备案等工作。

6.3 脚 手 架 施 工

6.3.1 一般规定

6.3.1.1 施工用脚手架应符合国家、行业相关标准规范的要求，荷重超过 3kN/m^2 或高度超过 24m 的脚手架应进行设计、计算，并经施工技术部门及安全管理部门审核、技术负责人批准后方可搭设。

6.3.1.2 脚手架安装与拆除人员应持证上岗，非专业人员不得搭、拆脚手架。作业人员应戴安全帽、系安全带、穿防滑鞋。

6.3.1.3 脚手架安装与拆除作业区域应设围栏和安全标示牌，搭拆作业应设专人安全监护，无关人员不得入内。

6.3.1.4 遇六级及以上风、浓雾、雨或雪等天气时应停止脚手架搭设与拆除作业。

6.3.1.5 钢管脚手架应有防雷接地措施，整个架体应从立杆根部引设两处（对角）防雷接地。

6.3.1.6 金属脚手架附近有架空线路时，应满足表 11 安全距离的要求。

表 11 脚手架与带电体的最小安全距离

电压等级 kV	安全距离 m		电压等级 kV	安全距离 m	
	沿垂直方向	沿水平方向		沿垂直方向	沿水平方向
≤10	3.00	1.50	±50 及以下	5.00	4.00
20～35	4.00	2.00	±400	8.50	8.00
66～110	5.00	4.00	±500	10.00	10.00
220	6.00	5.50	±660	12.00	12.00
330	7.00	6.50	±800	13.00	13.00
500	8.50	8.00			
750	11.00	11.00			
1000	13.00	13.00			

注 1：750kV 数据是按海拔 2000m 校正的，其他等级数据按海拔 1000m 校正。
注 2：表中未列电压等级按高一档电压等级的安全距离执行。

6.3.2　脚手架及脚手板选材

6.3.2.1　脚手架钢管宜采用ϕ48.3×3.5mm 的钢管，横向水平杆最大长度不超过 2.2m，其他杆最大长度不超过 6.5m。禁止使用弯曲、压扁、有裂纹或已严重锈蚀的钢管。

6.3.2.2　脚手架扣件应符合 GB 15831《钢管脚手架扣件》的规定；禁止使用有脆裂、变形或滑丝的扣件。

6.3.2.3　冲压钢脚手板的材质应符合 GB/T 700《碳素结构钢》中 Q235–A 级钢的规定。凡有裂纹、扭曲的不得使用。

6.3.2.4　木脚手板应用 50mm 厚的杉木或松木板制作，宽度以 200mm～300mm 为宜，长度以不超过 6m 为宜。凡腐朽、扭曲、破裂的，或有大横透节及多节疤的，不得使用。距板的两端 80mm 处应用镀锌铁丝箍绕 2 圈～3 圈或用铁皮钉牢。

6.3.2.5　竹片脚手板的厚度不得小于 50mm，螺栓孔不得大于 10mm，螺栓应拧紧。竹片脚手板的长度以 2.2m～2.3m、宽度以 400mm 为宜。竹笆脚手板应按其主竹筋垂直于纵向水平杆方向铺设，四角应采用直径 1.2mm 镀锌铁丝固定在纵向水平杆上。

6.3.2.6　钢管立杆应设置金属底座或木质垫板，木质垫板厚度不小于 50mm、宽度不小于 200mm，且长度不少于 2 跨。

6.3.3　脚手架搭设

6.3.3.1　脚手架地基应平整坚实，回填土地基应分层回填、夯实，脚手架立杆垫板或底座底面标高应高于自然地坪 50mm～100mm，确保立杆底部不积水。

6.3.3.2　脚手架与主体工程进度同步搭设，一次搭设高度不应超过相邻连墙件两步以上。每层作业面做到同步防护。

6.3.3.3　搭设时从一个角部开始并向两边延伸交圈搭设。每搭设完一步脚手架后，应立即校正步距、纵距、横距及立杆的垂直度。

6.3.3.4　脚手架的立杆应垂直。应设置纵横向扫地杆，并应按定位依次将立杆与纵、横向扫地杆连接固定。

6.3.3.5　立杆接长，顶层顶步可采用搭接，搭接长度不应小于 1m，应采用不少于两个旋转扣件固定，端部扣件盖板的边缘至杆端距离不应小于 100mm；其余各层应采用对接扣件连接。相邻立杆的对接扣件不得设置在同步内，同步内隔一根立杆的两个相隔接头在高度方向错开的距离不宜小于 500mm。

6.3.3.6 纵向水平杆应用对接扣件接长，也可采用搭接。搭接长度不应小于 1m，应等间距设置三个旋转扣件固定。采用对接时，纵向水平杆的对接扣件应交错布置，两根相邻纵向水平杆的接头不宜设置在同步或同跨内，不同步不同跨两相邻接头在水平方向错开的距离不应小于 500mm。

6.3.3.7 双排脚手架应设置剪刀撑与横向斜撑，单排脚手架应设置剪刀撑。剪刀撑跨越立杆的角度及根数应按表 12 的规定确定。每道剪刀撑宽度不应小于 4 跨，且不应小于 6m。当脚手架搭设高度达 7m 时，暂时无法设置连墙件，架体应架设抛撑杆。

表 12 剪刀撑跨越立杆的最多根数

剪刀撑斜杆与地面的倾角	45°	50°	60°
剪刀撑跨越立杆的最多根数	7	6	5

6.3.3.8 横向斜撑的设置应在同一节间，由底至顶层呈之字形连续布置；开口型双排脚手架的两端均应设置横向斜撑。

6.3.3.9 脚手板的铺设应遵守下列规定：

a） 作业层、顶层和第一层脚手板应铺满、铺稳、铺实，作业层端部脚手板探头长度应取 150mm，其板两端均应与支撑杆可靠固定，脚手板与墙面的间距不应大于 150mm。

b） 脚手板的搭接接头应在横向水平杆上，长度不得小于 200mm；对接处应设两根横向水平杆，两根横向水平杆的间距不得大于 300mm。

c） 在架子上翻脚手板时，应由两人从里向外按顺序进行。作业时应系好安全带，下方应设安全网。

6.3.3.10 脚手架的外侧、斜道和平台应设 1.2m 高的护栏，0.6m 处设中栏杆和不小于 180mm 高的挡脚板或设防护立网。临街或临近带电体的脚手架应采取封闭措施，架顶栏杆内侧的高度应低于外墙 200mm。

6.3.3.11 运料斜道宽度不应小于 1.5m，坡度不应大于 1:6；人行斜道宽度不应小于 1m，坡度不应大于 1:3，斜道上按每隔 250mm～300mm 设置一根厚度为 20mm～30mm 的防滑木条（人行斜道也可采用其他材料及形式设置）。

6.3.3.12 直立爬梯的梯档应用直角扣件连接牢固，踏步间距不得大于 300mm。不得手中拿物攀登，不得在梯子上运送、传递材料及物品。

6.3.3.13 当建筑物墙壁有窗、门、穿墙套管板等孔洞时，应在该处脚手架架体内侧上下两根纵向水平杆之间架设防护栏杆。

6.3.3.14 当脚手架内侧纵向水平杆离建筑物墙壁大于 250mm 时应加纵向水平防护杆或架设木脚手板防护。

6.3.3.15 脚手架处于顶层连墙件之上的自由高度不得大于 6m，当作业层高出其下连墙件 2 步或 4m 以上且其上尚无连墙件时，应采取适当的临时撑拉措施。

6.3.4 脚手架使用

6.3.4.1 脚手架搭设后应经使用单位和监理单位验收合格后方可使用，使用中应定期进行检查和维护。

6.3.4.2 脚手架应每月进行一次检查，在大风暴雨、寒冷地区开冻后以及停用超过一个月时，应经检查合格后方可恢复使用。

6.3.4.3 雨、雪后上脚手架作业应有防滑措施，并应清除积水、积雪。

6.3.4.4 在脚手架上进行电、气焊作业时，应有防火措施并配备足够消防器材和专人监护。

6.3.4.5 脚手架上不得固定泵送混凝土和砂浆的输送管等；不得悬挂起重设备或与模板支架连接；不得拆除或移动架体上安全防

护设施。

6.3.4.6 脚手架使用期间禁止擅自拆除剪刀撑以及主节点处的纵横向水平杆、扫地杆、连墙件。

6.3.5 脚手架拆除

6.3.5.1 拆除脚手架应自上而下逐层进行，不得上下同时进行拆除作业。禁止先将连墙件整层或数层拆除后再拆脚手架；分段拆除高差不应大于两步，如高差大于两步，应增设连墙件加固。

6.3.5.2 当脚手架拆至下部最后一根长立杆的高度（约 6.5m）时，应先在适当位置搭设临时抛撑加固后，再拆除连墙件。

6.3.5.3 当脚手架采取分段、分立面拆除时，对不拆除的脚手架两端，应先按规定设置连墙件和横向斜撑加固。

6.3.5.4 连墙件应随脚手架逐层拆除，拆除的脚手架管材及构配件，不得抛掷。

6.4 混凝土施工

6.4.1 一般规定

6.4.1.1 混凝土工程施工方案应按规定进行审批、论证，进行安全技术交底，作业时并应严格作业票管理。

6.4.1.2 材料场应按种类、规格、批次分开储存与堆放，砂石堆场应有适当的坡度，安全防护设施齐全规范。

6.4.1.3 夜间施工应有足够的照明，在深坑和潮湿地点施工应使用低压安全照明。

6.4.1.4 施工中应经常检查脚手架或作业平台、基坑边坡、安全防护设施等，发现异常情况及时处理。

6.4.1.5 对体形复杂、跨度较大、地基情况复杂及施工环境条件特殊的混凝土结构，施工时应进行全过程监测。

6.4.2 模板工程

6.4.2.1 模板安装

6.4.2.1.1 模板的安装和拆除应符合相关标准规定。模板安装，拆除施工前应编制专项施工方案，高大模板支撑工程的专项施工方案应组织专家审查、论证。

6.4.2.1.2 在高处安装与拆除模板时，作业人员应从扶梯上下，不得在模板、支撑上攀登，不得在高处独木或悬吊式模板上行走。

6.4.2.1.3 模板支撑杆件的材质应能满足杆件的抗压、抗弯强度。支撑高度超过 4m 时，应采用钢支撑，不得使用锈蚀严重、变形、断裂、脱焊、螺栓松动的钢支撑。

6.4.2.1.4 木杆支撑宜选用长料，同一柱的联结接头不宜超过 2 个。立柱不得使用腐朽、扭裂、劈裂的木、竹材。

6.4.2.1.5 模板支架立杆底部应加设满足支撑承载力要求的垫板，不得使用砖及脆性材料铺垫。

6.4.2.1.6 模板支架应自成体系，不得与脚手架连接，支架的两端和中部应与建筑结构连接。

6.4.2.1.7 满堂模板立杆除应在四周及中间设置纵、横双向水平支撑外，当立杆高于 4m 的模板支架，其两端与中间每隔 4 排立杆从顶层开始向下每隔 2 步设置一道水平剪刀撑。

6.4.2.1.8 满堂模板支架四边与中间每隔 4 排支架立杆应设置一道纵向剪刀撑，由底至顶连续设置。

6.4.2.1.9 支设框架梁模板时，不得站在柱模板上操作，并不得在底模板上行走。

6.4.2.1.10 向坑槽内运送材料时，坑上坑下应统一指挥，使用溜槽或绳索向下放料，不得抛掷。

6.4.2.1.11 支设柱模板时，其四周应钉牢，操作时应搭设临时作业台或临时脚手架，独立柱或框架结构中高度较大的柱模板安装后应用缆风绳拉牢固定。

6.4.2.1.12 平台模板的预留孔洞，应设维护栏杆，模板拆除后，应随时将洞口封闭。

6.4.2.1.13 安装钢模板，遇 U 型卡孔错位时，应调节或更换模板，不得猛锤硬撬 U 型卡。

6.4.2.1.14 支模过程中，如遇中途停歇，应将已就位的模板或支承联结稳定，不得有空架浮搁，模板在未形成稳定前，不得上人。

6.4.2.1.15 地脚螺栓或插入式角钢应有固定支架，支架应牢固可靠。

6.4.2.1.16 模板调整找正要轻动轻移，严防模板滑落伤人；合模时逐层找正，逐层支撑加固，斜撑、水平撑应与补强管（木）可靠固定。

6.4.2.2 模板拆除

6.4.2.2.1 模板拆除应在混凝土达到设计强度后方可进行。拆模前应清除模板上堆放的杂物，在拆除区域划定并设警戒线，悬挂安全标志，设专人监护，非作业人员不得进入。

6.4.2.2.2 拆模作业应按后支先拆、先支后拆，先拆侧模、后拆底模，先拆非承重部分、后拆承重部分的原则逐一拆除。

6.4.2.2.3 拆除较大跨度梁下支柱时，应先从跨中开始，分别向两端拆除。拆除多层楼板支柱时，应确认上部施工荷载不需要传递的情况下方可拆除下部支柱。

6.4.2.2.4 当水平支撑超过二道以上时，应先拆除二道以上水平支撑，最下一道大横杆与立杆应同时拆除。

6.4.2.2.5 模板拆除应逐次进行，由上向下先拆除支撑和本层卡扣，同时将模板送至地面，然后再拆除下层的支撑、卡扣、模板。不得采用猛撬、硬砸及大面积撬落或拉倒方法。

6.4.2.2.6 钢模板拆除时，U 型卡和 L 型插销应逐个拆卸，防止整体塌落。

6.4.2.2.7 拆除模板不得抛掷，应用绳索吊下或由滑槽、滑轨滑下。拆下的模板不得堆在脚手架或临时搭设的作业台上。

6.4.2.2.8 拆模模板应彻底，不得留有未拆除的悬空模板。作业人员在下班时，不得留下松动的或悬挂着的模板以及扣件、混凝土块等悬浮物。

6.4.2.2.9 拆下的模板应及时清理，所有朝天钉均拔除或砸平，不得乱堆乱放，禁止大量堆放在坑口边，应运到指定地点集中堆放。

6.4.2.2.10 作业人员应佩戴工具袋，作业时将螺栓/螺帽、垫块、销卡、扣件等小物品放在工具袋内，后将工具袋吊下，不得抛掷。

6.4.2.2.11 高处拆除时，作业人员不得站在正在拆除的模板上。拆卸卡扣时应由两人在同一面模板的两侧进行。

6.4.3 钢筋工程

6.4.3.1 钢筋搬运

6.4.3.1.1 钢筋搬运、堆放应与电力设施保持安全距离，严防碰撞。搬运时应注意钢筋两端摆动，防止碰撞物体或打击人身。

6.4.3.1.2 多人抬运钢筋时，应有统一指挥，起、落、转、停等动作一致。

6.4.3.1.3 人工上下垂直传递时，上下作业人员不得在同一垂直方向上，送料人员应站立在牢固平整的地面或临时建筑物上，接料人员应有防止前倾的措施，必要时应系安全带。

6.4.3.1.4 在建筑物平台或走道上堆放钢筋应分散、稳妥，堆放钢筋的总重量不得超过平台的允许荷重。

6.4.3.1.5 在使用吊车吊运钢筋时应绑扎牢固并设控制绳，钢筋不得与其他物件混吊。

6.4.3.1.6 起吊安放钢筋笼应有专人指挥。先将钢筋笼运送到吊臂下方，吊点应设在笼上端，平稳起吊，专人拉好控制绳，不得偏拉斜吊。

6.4.3.2 钢筋加工

6.4.3.2.1 钢筋加工地应宽敞、平坦，工作台应稳固，照明灯具应加设网罩，并搭设作业棚，设置安全标志和安全操作规程。

6.4.3.2.2 在焊机操作棚周围，不得堆放易燃物品，并应在操作部位配备一定数量的消防器材。

6.4.3.2.3 现场施工的照明电线及工器具电源线不准挂在钢筋上。

6.4.3.2.4 使用齿口扳弯曲钢筋时，操作台应牢固可靠，操作人要用力均匀，防止扳手滑移或钢筋崩断伤人。

6.4.3.2.5 使用调直机调直钢筋时，操作人员应与滚筒保持一定距离，不得戴手套操作。

6.4.3.2.6 钢筋调直到末端时，操作人员应避开，以防钢筋短头舞动伤人，短于 2m 或直径大于 9mm 的钢筋调直，应低速加工。

6.4.3.2.7 使用钢筋弯曲机时，操作人员应站在钢筋活动端的反方向，弯曲小于 400mm 的短钢筋时，要防止钢筋弹出伤人。

6.4.3.2.8 使用切断机切断大直径钢筋时，应在切断机口两侧机座上安装两个角钢挡杆，防止钢筋摆动。切割短于 400mm 的短钢筋应用钳子夹牢，且钳柄不得短于 500mm，不得直接用手把持。

6.4.3.2.9 钢筋冷拉直场地应设置防护围栏及安全标志。钢筋采用卷扬机冷拉直时，卷扬机及地锚应按最大工件所需牵引力计算，卷扬机布置应便于操作人员现场观察，前面应设防护挡板；或将卷扬机与作业方向成 90° 布置，并采用封闭式导向滑轮。

6.4.3.2.10 冷拉卷扬机使用前应检查钢丝绳是否完好，轧钳及特制夹头的焊缝是否良好，卷扬机刹车是否灵活，确认各部件良好后方可投入使用。

6.4.3.2.11 钢筋冷拉直时，发现有滑动或其他异常情况，应先停止并放松钢筋后方可进行检修或更换配件。

6.4.3.2.12 冷拉卷扬机操作要求专人专管，作业完毕后切断电源方能离开。

6.4.3.2.13 钢筋冷拉时沿线两侧 2m 范围内为危险区，一切人员和车辆不得通行。

6.4.3.3 钢筋安装

6.4.3.3.1 高处钢筋安装时，不得将钢筋集中堆放在模板或脚手架上，脚手架上不得随意放置工具、箍筋或短钢筋。

6.4.3.3.2 深基坑内钢筋安装时，应在坑边设置安全围栏，坑边 1m 内禁止堆放材料和杂物。坑内使用的材料、工具禁止上下抛掷。

6.4.3.3.3 绑扎框架钢筋时，作业人员不得站在钢筋骨架上，不得攀登柱骨架上下。绑扎柱钢筋，不得站在钢箍上绑扎，不得将木料、管子等穿在钢箍内作脚手板。

6.4.3.3.4 4m 以上框架柱钢筋绑扎、焊接时应搭设临时脚手架，不得依附立筋绑扎或攀登上下，柱子主筋应使用临时支撑或缆风绳固定。搭设的临时脚手架应符合脚手架相关规定。

6.4.3.3.5 框架柱竖向钢筋焊接应根据焊接钢筋的高度搭设相应的操作平台，平台应牢固可靠，周围及下方的易燃物应及时清理。作业完毕后应切断电源，检查现场，确认无火灾隐患后方可离开。

6.4.3.3.6 起吊预制钢筋骨架时，下方不得站人，待骨架吊至离就位点 1m 以内时方可靠近，就位并支撑稳固后方可摘钩。

6.4.3.3.7 在高处修整、扳弯粗钢筋时，作业人员应选好位置系牢安全带。在高处进行粗钢筋的校直和垂直交叉作业应有安全保证措施。

6.4.3.3.8 向孔内下钢筋笼时，两人在笼侧面协助找正，对准孔口慢速下笼、到位固定，人员不得下孔摘除吊绳。

6.4.4 混凝土工程

6.4.4.1 混凝土运输

6.4.4.1.1 手推车运送混凝土时，装料不得过满，斜道坡度不得超过 1:6。卸料时，不得用力过猛和双手放把。

6.4.4.1.2 用翻斗车运送混凝土，不得搭乘人员，车就位和卸料要缓慢。

6.4.4.1.3 采用吊罐运送混凝土时，钢丝绳、吊钩、吊扣应符合安全要求，连接牢固。吊罐转向、行走应缓慢，不得急刹车，吊罐下方不得站人。

6.4.4.1.4 吊罐卸料时罐底离浇灌面的高度不得超过 1.2m，吊罐降落的作业平台应校核，确保稳固。

6.4.4.1.5 起重机械运送混凝土时，设专人指挥。起吊物应绑牢，吊钩悬挂点应与吊物的重心在同一垂直线上。起重机在作业中速度应均匀平稳。

6.4.4.1.6 泵送混凝土应符合下列规定：

a）支腿应支承在水平坚实的地面。支腿底部应与路面边缘保持一定的安全距离。

b）输送管线的布置应安装牢固，安全可靠，作业中管线不得摇晃、松脱。

c）泵起动时，人员禁止进入末端软管可能摇摆触及的危险区域。

d）建筑物边缘作业时，操作人员应站在安全位置，使用辅助工具引导末端软管，禁止站在建筑物边缘手握末端软管作业。

e）泵输送管线及臂架应与带电线路保持一定的安全距离。

6.4.4.2 混凝土浇捣

6.4.4.2.1 基坑口搭设卸料平台，平台平整牢固，应外低里高（5°左右坡度），并在沿口处设置高度不低于150mm的横木。

6.4.4.2.2 卸料时基坑内不得有人，不得将混凝土直接翻入基坑内。

6.4.4.2.3 浇筑中应随时检查模板、脚手架的牢固情况，发现问题，及时处理。

6.4.4.2.4 投料高度超过2m时，应使用溜槽或串筒。串筒宜垂直放置，串筒之间连接牢固，串筒连接较长时，挂钩应予加固。不得攀登串筒进行清理。

6.4.4.2.5 振捣作业人员应穿好绝缘靴、戴好绝缘手套。搬动振动器或暂停作业应将振动器电源切断。不得将运行中的振动器放在模板、脚手架上。

6.4.4.2.6 作业时不得使用振动器冲击或振动钢筋、模板及预埋件等。

6.4.4.2.7 浇筑框架、梁、柱、墙混凝土时，应架设脚手架或作业平台，不得站在梁或柱的模板、临时支撑上或脚手架护栏上操作。

6.4.4.2.8 在混凝土中掺加毛石、块石时，应按规定地点抛石或用溜槽溜放。块石不得集中堆放在已绑扎的钢筋或脚手架、作业平台上。

6.4.4.2.9 浇捣拱形结构应自两边拱脚对称同时进行，浇圈梁、雨棚、阳台应设防护措施；浇捣料仓时，下口应先进行封闭，并铺设临时脚手架。

6.4.4.2.10 采用冷混凝土施工时，化学附加剂的保管和使用应有严格的管理制度，严防发生误食中毒事故。

6.4.4.2.11 浇筑作业完成后，应及时清除脚手架上的混凝土余浆、垃圾，并不得随意抛掷、倾倒。

6.4.4.3 混凝土养护

6.4.4.3.1 预留孔洞、基槽等处，应按规定设置盖板、围栏和安全标示牌。

6.4.4.3.2 蒸汽养护，应设防护围栏或安全标志；电热养护，测温时应先停电；用炉火加热养护，人员进入前需先通风。

6.4.4.3.3 采用炭炉保温时，棚内应配置足够的消防器材，人员进棚前，应采取通风措施，防止一氧化碳中毒。

6.4.4.3.4 冬期养护阶段，禁止作业人员进棚内取暖，进棚作业应设专人棚外监护。

6.4.4.3.5 混凝土养护人员不得在模板支撑上或在易塌落的坑边走动。

6.4.4.3.6 采用暖棚法时应遵守下列规定：

a） 暖棚应经设计并绑扎牢固，所用保温材料应具有阻燃特性，施工中应经常检查并备有必要的消防器材。

b） 地槽式暖棚的槽沟土壁应加固，以防冻土坍塌。

6.4.4.3.7 采用蒸汽加热法应遵守下列规定：

a） 引用蒸汽作为热源时，应设减温减压装置并有压力表监视蒸汽压力。

b） 室外部分的蒸汽管道应保温，阀门处应挂安全标志。

c） 所有阀门的开闭及汽压的调整均应由专人操作。

d） 采用喷气加热法时应保持视线清晰。

e） 使用蒸汽软管加热时，蒸汽压力不得高于 0.049MPa。

f） 只有在蒸汽温度低于40℃时施工作业人员方可进入。

6.4.4.3.8 涂刷过氯乙烯塑料薄膜养护基础时，应有防火、防毒措施。

6.5 桩 基 施 工

6.5.1 一般规定

6.5.1.1 作业场地应平整压实，软土地基地面应加垫路基箱或厚钢板，作业区域及泥浆池、污水池等应有明显标志或围栏。

6.5.1.2 夜间施工应配置充足照明。

6.5.1.3 作业时应设专人指挥、专人监护，指挥信号应明确。桩机操作人员应持证上岗，操作人员作业时不得擅离职守。

6.5.1.4 在邻近带电体作业时，应进行现场勘测，确保钻机、钢筋笼及吊装设备与带电体的安全距离。

6.5.1.5 停止作业或移桩架时，应将桩锤放置最低点。不得悬吊桩锤进行检修。作业完毕应将打桩机停放在坚实平整的地面上，制动并锲牢，桩锤落下，切断电源。

6.5.1.6 配合钻机及附属设备作业的人员，应在钻机的回转半径以外作业，当在回转半径内作业时，应由专人协调指挥。

6.5.1.7 机架较高的振动类、搅拌类桩机移动时，应采取防止倾覆的应急措施。

6.5.1.8 遇雷雨、六级及以上大风等恶劣天气应停止作业，并采取加设揽风绳、放倒机架等措施。

6.5.2 钻孔灌注桩基础

6.5.2.1 桩机放置应平稳牢靠，并有防止桩机移位或下陷的措施，作业时应保证机身不摇晃，不倾倒。

6.5.2.2 孔顶应埋设钢护筒，其埋深应不小于1m。不得超负荷进钻。

6.5.2.3 更换钻杆、钻头（钻锤）或放置钢筋笼、接导管时，应采取措施防止物件掉落孔里。

6.5.2.4 成孔后，孔口应用盖板保护，并设安全警示标志，附近不得堆放重物。

6.5.2.5 潜水钻机的电钻应使用封闭式防水电机，电机电缆不得破损、漏电。

6.5.2.6 应由专人收放进浆胶管。接钻杆时，应先停止电钻转动，后提升钻杆。

6.5.2.7 作业人员不得进入没有护筒或其他防护设施的钻孔中工作。

6.5.3 人工挖孔桩基础

6.5.3.1 每日开工下孔前应检测孔内空气。当存在有毒、有害气体时，应首先排除，不得用纯氧进行通风换气。

6.5.3.2 孔上下应有可靠的通话联络。孔下作业不得超过两人，每次不得超过 2h；孔上应设专人监护。下班时，应盖好孔口或设置安全防护围栏。

6.5.3.3 孔内照明应采用安全矿灯或 12V 以下带罩防水、防爆灯具且孔内电缆应有防磨损、防潮、防断等保护措施。

6.5.3.4 当孔深超过 5m 时，宜用风机或风扇向孔内送风不少于 5min，排除孔内浑浊空气。孔深超过 10m 时，应有专用风机向孔内送风，风量不得少于 25L/s。

6.5.3.5 在孔内上下递送工具物品时，不得抛掷，应采取措施防止物件落入孔内。人员上下应用软梯。

6.5.3.6 与设计地质出现差异时应停止挖孔，查明原因并采取措施后再进行作业。

6.5.3.7 开挖桩孔应逐层进行，每层高度应严格按设计要求施工，不得超挖。每节筒深的土方应当日挖完。

6.5.3.8 根据土质情况采取相应护壁措施防止塌方，第一节护壁应高于地面 150mm～300mm，壁厚比下面护壁厚度增加 100mm～150mm，便于挡土、挡水。

6.5.3.9 人力挖孔和绞磨提土操作应设专人指挥，并密切配合，绞架刹车装置应可靠。吊运土方时孔内人员应靠孔壁站立。

6.5.3.10 提土斗应为软布袋或竹篮等轻型工具，吊运土不得满装，防提升掉落伤人。

6.5.3.11 使用的电动葫芦、吊笼等提土机械应安全可靠并配有自动卡紧保险装置。

6.5.3.12 挖出的土石方应及时运离孔口，不得堆放在孔口四周1m 范围内，堆土高度不应超过 1.5m。机动车辆的通行不得对井壁的安全造成影响。

6.5.3.13 挖孔完成后，应当天验收，并及时将桩身钢筋笼就位和浇筑混凝土。暂停施工的孔口应设通透的临时网盖。

6.5.4 锚杆基础

6.5.4.1 钻机和空气压缩机操作人员与作业负责人之间的通信联络应清晰畅通。

6.5.4.2 钻孔前应对设备进行全面检查；进出风管不得扭曲，连接应良好；注油器及各部螺栓均应紧固。

6.5.4.3 钻机作业中如发生冲击声或机械运转异常时，应立即停机检查。

6.5.4.4 风管控制阀操作架应加装挡风护板，并应设置在上风向。

6.5.4.5 吹气清洗风管时，风管端口不得对人。

6.5.4.6 风管不得弯成锐角，风管遭受挤压或损坏时，应立即停止使用。

6.6 砖 石 砌 体 施 工

6.6.1 不得站在墙身上进行砌砖、勾缝、检查大角垂直度及清扫墙面等作业，不得在墙身上行走。

6.6.2 墙身砌体高度超过地坪 1.2m 以上时，应使用脚手架。不得用砖垛或灰斗搭设临时脚手架。

6.6.3 采用里脚手架砌砖时，应布设外侧安全防护网。墙身每砌高 4m，防护墙板或安全网即应随墙身提高。

6.6.4 用里脚手架砌筑突出墙面300mm以上的屋檐时，应搭设挑出墙面的脚手架进行施工。

6.6.5 脚手架上堆放的砖、石材料距墙身不得小于500mm，荷重不得超过3kN/m²，砖侧放时不得超过三层。一块脚手板上不得有超过两人同时砌筑作业。

6.6.6 在高处砌砖时，应注意下方是否有人，不得向墙外砍砖。下班前应将脚手板及墙上的碎砖、灰浆清扫干净。

6.6.7 砂浆和砖用滑轮起吊时，不得碰撞脚手架，吊到位置后，应用铁钩向里拉至操作平台，不得直接用手拉拽吊绳。

6.6.8 采用井字架（升降塔）、门式架起吊砂浆及砖时，应明确升降联络信号。吊笼进出口处应设带插销的活动栏杆，吊笼到位后应采取防止坠落的安全措施。

6.6.9 往坑、槽内运石料应使用溜槽或吊运。卸料时坑、槽内不得有人。修整石块时，应戴防护眼镜，两人不得对面操作。在脚手架上砌石不得使用大锤。

6.7 装 饰 施 工

6.7.1 装饰时不得将梯子搁在楼梯或斜坡上作业。

6.7.2 作业人员不得站在窗口上粉刷窗口四周的线脚。

6.7.3 顶棚抹灰宜搭设满堂脚手架。

6.7.4 室内抹灰使用的工具性脚手架搭设应稳固。脚手板跨度不得大于2m，材料堆放不得过于集中，同一跨度内作业不得超过两人。

6.7.5 磨石工程应防止草酸中毒。使用磨石机应戴绝缘手套，穿胶靴。

6.7.6 仰面粉刷应采取防止粉末等侵入眼内的防护措施。

6.7.7 进行耐酸、防腐和有毒材料作业时，应保持室内通风良好，应加强防火、防毒、防尘和防酸碱的安全防护。

6.7.8 机械喷浆的作业人员应佩戴防护用品。压力表，安全阀应灵敏可靠。输浆管各部接口应拧紧卡牢，管路应避免弯折。

6.7.9 输浆应严格按照规定的压力进行。发生超压或管道堵塞时，应在停机泄压后方可进行检修。

6.7.10 在吊顶内作业时，应搭设步道，非上人吊顶不得上人。吊顶内作业应使用安全电压照明。吊顶内焊接应按规定办理作业票，焊接地点不得堆放易燃物。

6.7.11 切割石材、瓷砖应采取防尘措施，操作人员应佩戴防护口罩。

6.7.12 当墙面刷涂料高度超过1.5m时，应搭设操作平台。

6.7.13 油漆使用后应及时封存，废料应及时清理。不得在室内用有机溶剂清洗工器具。

6.7.14 涂刷作业中应采取通风措施，作业人员如感头痛、恶心、心闷或心悸时，应立即停止作业并采取救护措施。

6.7.15 溶剂性防火涂料作业时，应按规定佩戴劳保用品，若皮肤沾上涂料应及时使用相应溶剂棉纱擦拭，再用肥皂和清水洗净。

6.7.16 化灰池的四周应设围栏，其高度不得小于1.2m，并设安全标志牌。

6.8 拆 除 施 工

6.8.1 一般规定

6.8.1.1 开工前应对被拆除建筑物进行详细勘察，并编制专项安全施工方案，按规定审批后方可施工。

6.8.1.2 开工前应将建筑物上的各种力能管线切断或迁移。现场施工照明应另外设置配电线路。

6.8.1.3 拆除区域周围应设围栏并悬挂安全标志牌，派专人监护。无关人员和车辆不得通过或停留。

6.8.1.4 邻近带电体的拆除作业，应编制专项安全施工方案并报审批，应按规定办理相关手续。

6.8.1.5 拆除作业应采取降尘及减少有毒烟雾产生的措施。

6.8.2 拆除

6.8.2.1 重要拆除工程应在技术负责人的指导下作业。多人拆除同一建筑物时，应指定专人统一指挥。

6.8.2.2 人工或机械拆除应自上而下、逐层分段进行，先拆除非承重结构，再拆除承重结构，不得数层同时拆除，不得垂直交叉作业，作业面的孔洞应封闭。当拆除某一部分时，应防止其他部分发生倒塌。

6.8.2.3 人工拆除建筑墙体时，不得采用掏掘或推倒方法。

6.8.2.4 在拆除与建筑物高度一致的水平距离内有其他建筑物时，不得采用推倒的方法。

6.8.2.5 建筑物的栏杆、楼梯及楼板等应与建筑物整体同时拆除，不得先行拆除。

6.8.2.6 拆除框架结构建筑，应按楼板、次梁、主梁、柱子的顺序进行。建筑物的承重支柱及横梁，应待其所承担的结构全部拆除后方可拆除。

6.8.2.7 对只进行部分拆除的建筑，应先将保留部分加固，再进行分离拆除。

6.8.2.8 拆除时，楼板上不应多人聚集或集中堆放拆除下来的材料。

6.8.2.9 拆除时，如所站位置不稳固或在 2m 以上的高处作业时，应系好安全带并挂在暂不拆除部分的牢固结构上。

6.8.2.10 拆除轻型结构屋面时，不得直接踩在屋面上，应使用移动板或梯子，并将其上端固定牢固。

6.8.2.11 地下建筑物拆除前，应将埋设的力能管线切断。如遇有毒气体管路，应由专业部门进行处理。

6.8.2.12 对地下构筑物及埋设物采用爆破法拆除时，在爆破前应按其结构深度将周围的泥土全部挖除。留用部分或其靠近的结构应用沙袋加以保护，其厚度不得小于 500mm。

6.8.2.13 用爆破法拆除建筑物部分结构时，应确保保留部分的结构完整。爆破后发现保留部分结构有危险征兆时，应立即采取安全措施。

6.8.3 现场清理

6.8.3.1 拆除后的坑穴应填平或设围栏，拆除物应及时清理。

6.8.3.2 清理管道及容器时，应查明残留物性质，采取相应措施后方可进行。

6.8.3.3 现场清挖土方遇接地网及力能管线时，应及时向有关部门汇报，并做出妥善处理。

6.9 构支架施工

6.9.1 一般规定

6.9.1.1 现场钢构支架、水泥杆堆放不得超过三层，堆放地面应平整坚硬，杆段下面应多点支垫，两侧应掩牢。

6.9.1.2 人力移动杆段时，应动作协调，滚动前方不得有人。杆段横向移动时，应及时将支垫处用木楔掩牢。

6.9.1.3 利用棍、撬杠拨杆段时，应防止滑脱伤人。水泥杆不得利用铁撬棍插入预留孔转动杆身。

6.9.1.4 每根杆段应支垫两点，支垫处两侧应用木楔掩牢，防止滚动。

6.9.1.5 横梁、构支架组装时应设专人指挥，作业人员配合一致，防止挤伤手脚。

6.9.2 构支架搬运

6.9.2.1 钢构支架、水泥杆在现场倒运时，宜采用起重机械装卸，装卸时应控制杆段方向；装车后应绑扎、楔牢，防止滚动、滑脱，并不得采用直接滚动方法卸车。

6.9.2.2 运输重量大、尺寸大、集中排组焊的钢管构架，车辆上应设置支撑物，且应牢固可靠。车辆行驶应平稳、缓慢。

6.9.2.3 构架摆好后应绑扎牢固，确保车辆行驶中架构不发生摇晃。

6.9.3 构支架吊装

6.9.3.1 吊装作业应制定专项施工方案，并经审查批准后方可进行施工。

6.9.3.2 固定构架的临时拉线应满足下列规定：

a） 应使用钢丝绳，不得使用白棕绳等。

b） 固定在同一个临时地锚上的拉线最多不超过两根。

6.9.3.3 吊装作业应有专人负责、统一指挥，各个临时拉线应设专人松紧，各个受力地锚应有专人看护。

6.9.3.4 吊件离地面约 100mm 时，应停止起吊，全面检查确认无问题后，方可继续，起吊应平稳。

6.9.3.5 吊装中引杆段进杯口时，撬棍应反撬。

6.9.3.6 在杆根部楔铁（木）及临时拉线未固定好之前，不得登杆作业。

6.9.3.7 起吊横梁时，在吊点处应对吊带或钢丝绳采取防磨损措施，并应在横梁两端分别系控制绳，控制横梁方位。

6.9.3.8 横梁就位时，构架上的施工作业人员不得站在节点顶上；横梁就位后，应及时固定。

二次浇灌混凝土未达到规定的强度时，不得拆除临时拉线。

6.9.3.9 构支架组立完成后，应及时将构支架进行接地。接地网未形成的施工现场，应增设临时接地装置。

6.9.3.10 格构式构架柱吊装作业应严格按照专项施工方案选择吊点，并对吊点位置进行检查。

第二篇

变电（换流）站部分

7 电气装置安装

7.1 一般规定

7.1.1 变电施工通用作业要求

7.1.1.1 大型或超长设备组件的竖立应按照产品技术文件要求采用两处及以上吊点配合操作，产品特别许可采用直搬法竖立时，底部支撑点应垫实并采取防滑措施。

7.1.1.2 禁止攀登断路器、互感器、避雷器、高压套管等设备的绝缘套管。

7.1.1.3 对经过带电运行和试验的电容器组充分放电后方可进行安装和试验。

7.1.1.4 对电动操作的电气设备，所有转动机械的电气回路应通过检查、试验，确认控制、保护、测量、信号回路无误后方可启动，转动机械在初次启动时就地应有紧急停车设施。

7.1.1.5 远方控制设备进行操作前，系统之间的联系回路及远方控制回路应经过校核，被操作设备现场应设专人监视，并有可靠的通信联络。

7.1.2 设备、材料站内运输

7.1.2.1 现场专用机动车辆应由经培训合格的驾驶人员驾驶。

7.1.2.2 运输超高、超宽、超长或重量大的物件时，应制定运输方案和安全技术措施。

7.1.2.3 装运物件应垫稳、捆牢，不得超载。

7.1.2.4 行驶时，驾驶室外及车厢外不得载人，时速不得超过15km/h。

7.1.2.5 特殊设备运输应有专人领车、监护，并设必要的标志。

7.2 油浸变压器、电抗器安装

7.2.1 110kV 及以上或容量 30MVA 及以上的油浸变压器、电抗器安装前应依据安装使用说明书编写安全施工措施，并进行交底。

7.2.2 充氮变压器、电抗器未经充分排氮（其气体含氧量未达到18%及以上时），禁止作业人员入内。变压器注油排氮时，任何人不得在排气孔处停留。

7.2.3 进行变压器、电抗器内部作业时，通风和安全照明应良好，并设专人监护；作业人员应穿无纽扣、无口袋的工作服、耐油防滑靴等专用防护用品；带入的工具应拴绳、登记、清点，严防工具及杂物遗留在器身内。

7.2.4 油浸变压器、电抗器在放油及滤油过程中，外壳、铁芯、夹件及各侧绕组应可靠接地，储油罐和油处理设备应可靠接地，防止静电火花。

7.2.5 储油和油处理现场应配备足够、可靠的消防器材，应制定明确的消防责任制，10m 范围内不得有火种及易燃易爆物品。

7.2.6 按生产厂家技术文件要求吊装套管。

7.2.7 110kV 及以上变压器、电抗器吊芯或吊罩检查应满足下列要求：

a） 变压器、电抗器吊罩（吊芯）方式应符合规范及产品技术要求。

b） 外罩（芯部）应落地放置在外围干净支垫上，如外罩受条件限制需要在芯部上方进行芯部检查，芯部铁芯上需要采用干净垫木支撑，并在起吊装置采取安全保护措施后再开始芯部检查作业。

c） 芯部检查作业过程禁止攀登引线木架上下，梯子不应直接靠在线圈或引线上。

7.2.8 变压器、电抗器干燥应满足下列要求：

a） 变压器进行干燥前应制定安全技术措施及管理制度。

b） 干燥变压器使用的电源容量及导线规格应经计算，电源应有保障措施，电路中应装设继电保护装置。

c） 干燥变压器时，应根据干燥的方式，在相应位置装设温控计（温度计），但不应使用水银温度计。

d） 干燥变压器应设值班人员和必要的监视设备，并按照要求做好记录。

e） 采用绕组短路干燥时，短路线应连接牢固；采用涡流干燥时，应使用绝缘线。连接及干燥过程应采取措施防止触电事故。

f） 干燥变压器现场不得放置易燃物品，应配备足够的消防器材。

g） 干燥过程变压器外壳应可靠接地。

7.2.9 变压器附件有缺陷需要进行焊接处理时，应制定动火作业安全措施。

7.2.10 变压器引线局部焊接不良需在现场进行补焊时，应制定专项施工方案并采取绝热和隔离等防火措施。

7.2.11 对已充油的变压器、电抗器的微小渗漏进行补焊时，应开具动火工作票，并遵守下列规定：

a） 变压器、电抗器的油面呼吸畅通。

b） 焊接部位应在油面以下。

c） 应采用气体保护焊或断续的电焊。

d） 焊点周围油污应清理干净。

7.2.12 变压器、电抗器带电前本体外壳及接地套管等附件应可靠接地，电流互感器备用二次端子应短接接地，全部电气试验合格。

7.3 断路器、隔离开关、组合电器安装

7.3.1 110kV 及以上断路器、隔离开关、组合电器安装前应依据安装使用说明书编写施工安全技术措施。

7.3.2 在下列情况下不得搬运开关设备：

a）隔离开关、闸刀型开关的刀闸在断开位置时。

b）断路器、传动装置以及有返回弹簧或自动释放的开关，在合闸位置和未锁好时。

7.3.3 封闭式组合电器在运输和装卸过程中不得倒置、倾翻、碰撞和受到剧烈的振动。制造厂有特殊规定标记的，应按制造厂的规定装运。瓷件应安放妥当，不得倾倒、碰撞。

7.3.4 六氟化硫气瓶的搬运和保管，应符合下列要求：

a）六氟化硫气瓶的安全帽、防振圈应齐全，安全帽应拧紧。搬运时应轻装轻卸，禁止抛掷、溜放。

b）六氟化硫气瓶应存放在防晒、防潮和通风良好的场所。不得靠近热源和油污的地方，水分和油污不应粘在阀门上。

c）六氟化硫气瓶不得与其他气瓶混放。

7.3.5 在调整、检修断路器及传动装置时，应有防止断路器意外脱扣伤人的可靠措施，施工作业人员应避开断路器可动部分的动作空间。

7.3.6 对于液压、气动及弹簧操动机构，不应在有压力或弹簧储能的状态下进行拆装或检修作业。

7.3.7 放松或拉紧断路器的返回弹簧及自动释放机构弹簧时，应使用专用工具，不得快速释放。

7.3.8 凡可慢分慢合的断路器，初次动作时应按照厂家技术文件要求进行。

7.3.9 断路器操作时，应事先通知高处作业人员及附近作业人员。

7.3.10 隔离开关采用三相组合吊装时，应检查确认框架强度符合起吊要求。

7.3.11 隔离开关安装时，在隔离刀刃及动触头横梁范围内不得有人作业。必要时应在开关可靠闭锁后方可进行作业。

7.3.12 六氟化硫组合电器安装过程中的平衡调节装置应检查完

好，临时支撑应牢固。

7.3.13 在六氟化硫电气设备上及周围的作业应遵守下列规定：

a） 在室内充装六氟化硫气体时应开启通风系统，作业区空气中六氟化硫气体含量不得超过 1000μL/L。

b） 作业人员进入含有六氟化硫电气设备的室内时，入口处若无六氟化硫气体含量显示器，应先通风 15min，并检测六氟化硫气体含量是否合格，禁止单独进入六氟化硫配电装置室内作业。

c） 进入六氟化硫电气设备低位区域或电缆沟进行作业时，应先检测含氧量（不低于 18%）和六氟化硫气体含量（不超过 1000μL/L）是否合格。

d） 在打开充气设备密封盖作业前，应确认内部压力已经全部释放。

e） 取出六氟化硫断路器、组合电器中的吸附物时，应使用防护手套、护目镜及防毒口罩、防毒面具（或正压式空气呼吸器）等个人防护用品，清出的吸附剂、金属粉末等废物应按照规定进行处理。

f） 在设备额定压力为 0.1MPa 及以上时，压力瓷套周围不应进行有可能碰撞瓷套的作业，否则应事先对瓷套采取保护措施。

g） 断路器未充气到额定压力状态不应进行分、合闸操作。

7.3.14 六氟化硫气体回收、抽真空及充气作业应遵守下列规定：

a） 对六氟化硫断路器、组合电器进行气体回收应使用气体回收装置，作业人员应戴手套和口罩，并站在上风口。

b） 六氟化硫气体不得向大气排放。

c） 从六氟化硫气瓶引出气体时，应使用减压阀降压。当瓶内压力降至 0.1MPa 时，即停止引出气体，并关紧气瓶阀门，戴上瓶帽。

d） 六氟化硫电气设备发生大量泄漏等紧急情况时，人员应迅速撤出现场，室内应开启所有排风机进行排风。

7.4 串联补偿装置、滤波器安装

7.4.1 500kV 及以上的串联补偿装置绝缘平台安装应编制专项施工方案，并满足下列要求：

a） 绘制施工平面布置图。

b） 绝缘平台吊装、就位过程中应平衡、平稳，就位时各支撑绝缘子应均匀受力，防止单个绝缘子超载。

c） 绝缘平台就位调整固定前应采取临时拉线，斜拉绝缘子的就位及调整固定过程中起重机械应保持起吊受力状态。

d） 绝缘平台斜拉绝缘子就位及调整固定完成后，方可解除临时拉线等安全保护措施。

7.4.2 交流（直流）滤波器安装应遵守下列规定：

a） 支撑式电容器组安装前，绝缘子支撑调节完成并锁定。悬挂式电容器组安装前，结构紧固螺栓复查完成。

b） 起吊用的用品、用具应符合要求，单层滤波器整体吊装应在两端系绳控制，防止摆动过大，设备开始吊离地面约 100mm 时，应仔细检查吊点受力和平衡，起吊过程中保持滤波器层架平衡。

c） 吊车、升降车、链条葫芦的使用应在专人指挥下进行。

d） 安装就位高处组件时应有高处作业防护措施。

e） 高处作业工器具应使用专用工具袋（箱）并放置可靠，以免晃动过大致使工具滑落。

f） 高处平台对接时，平台区域内下方不得有人员进入。

7.5 互感器、避雷器安装

7.5.1 起吊索应固定在专门的吊环上，并不得碰伤瓷套，禁止利用伞裙作为吊点进行吊装。

7.5.2 运输、放置、安装、就位应按产品技术要求执行，期间应防止倾倒或遭受机械损伤。

7.6 干式电抗器安装

7.6.1 500kV 及以上或单台容量 10Mvar 及以上的干式电抗器安装前应依据安装使用说明书编写安全施工措施。

7.6.2 ±800kV 及以上或重量 30t 及以上的干式电抗器安装应编制专项施工方案并满足下列要求：

a） 吊具应使用产品专用吊具或制造厂认可的吊具。

b） 电抗器吊装、就位过程应平衡、平稳，就位时各个支撑绝缘子应均匀受力，防止单个绝缘子超过其允许受力。

c） 电抗器就位后，在安全保护措施完善后方可进行电抗器下部的作业。

7.7 穿墙套管安装

7.7.1 220kV 及以上穿墙套管安装前应依据安装使用说明书编写施工安全技术措施。

7.7.2 大型穿墙套管安装吊具应使用产品专用吊具或制造厂认可的吊具。

7.7.3 大型穿墙套管吊装、就位过程应平衡、平稳，两侧联系应通畅，应统一指挥；高处作业人员使用的高处作业机具或作业平台应安全可靠。

7.8 换流阀厅设备安装

7.8.1 阀厅内设备安装的高处作业，应正确使用专用升降平台，做好安全防护措施。专用升降平台操作人员应经过培训合格。

7.8.2 悬吊式阀塔设备吊装应从上而下，吊装过程中应注意保持水平。

7.8.3 阀冷却系统的设备和管道应可靠接地，冷却水系统应通过压力密封试验。

7.9 蓄电池组安装

7.9.1 蓄电池存放地点应清洁、通风、干燥，搬运电池时不得触动极柱和安全阀。

7.9.2 蓄电池开箱时，撬棍不得利用蓄电池作为支点，防止损毁蓄电池。

7.9.3 蓄电池室应在设备安装前完善照明、通风和取暖设施。蓄电池安装过程及完成后室内禁止烟火。

7.9.4 安装或搬运电池时应戴绝缘手套、围裙和护目镜，若酸液泄漏溅落到人体上，应立即用苏打水和清水冲洗。

7.9.5 紧固电极连接件时所用的工具要带有绝缘手柄，应避免蓄电池组短路。

7.9.6 安装免维护蓄电池组应符合产品技术文件的要求，不得人为随意开启安全阀。

7.9.7 安装镉镍碱性蓄电池组应遵守下列规定：

a） 配制和存放电解液应用耐碱器具，并将碱慢慢倒入蒸馏水或去离子水中，并用干净耐碱棒搅动，禁止将水倒入电解液中。

b） 装有催化栓的蓄电池初充电前应将催化栓旋下，等初充电全过程结束后重新装上。

c） 带有电解液并配有专用防漏运输螺塞的蓄电池，初充电前应取下运输螺塞换上有孔气塞，并检查液面，液面不应低于下液面线。

7.9.8 铅酸蓄电池组安装应按照产品技术文件的规定执行。

7.10 盘、柜安装

7.10.1 应在土建条件满足要求时，方可进行盘、柜安装。

7.10.2 盘、柜在安装地点拆箱后，应立即将箱板等杂物清理干净，以免阻塞通道或钉子扎脚，并将盘、柜搬运至安装地点摆放或安装，防止受潮、雨淋。

7.10.3 盘、柜就位要防止倾倒伤人和损坏设备，撬动就位时人力应足够，指挥应统一。狭窄处应防止挤伤。

7.10.4 盘、柜底加垫时不得将手伸入底部，防止安装时挤轧手脚。

7.10.5 盘、柜在安装固定好以前，应有防止倾倒的措施，特别是重心偏在一侧的盘柜。对变送器等稳定性差的设备，安装就位后应立即将全部安装螺栓紧好，禁止浮放。

7.10.6 在墙上安装操作箱及其他较重的设备时，应做好临时支撑，固定好后方可拆除该支撑。

7.10.7 盘、柜内的各式熔断器，凡直立布置者应上口接电源，下口接负荷。

7.10.8 施工区周围的孔洞应采取措施可靠的遮盖，防止人员摔伤。

7.10.9 高压开关柜、低压配电屏、保护盘、控制盘及各式操作箱等需要部分带电时，应符合下列规定：

a） 需要带电的系统，其所有设备的接线确已安装调试完毕，并应设立临时运行设备名称及编号标志。

b） 带电系统与非带电系统应有明显可靠的隔断措施，并应设带电安全标志。

c） 部分带电的装置应遵守运行的有关管理规定，并设专人管理。

7.11 母 线 安 装

7.11.1 **软母线安装**

7.11.1.1 测量母线档距时应有安全措施，在带电体周围禁止使用钢卷尺、夹有金属丝皮卷尺和线尺等进行测量作业，宜使用光学仪器进行测量。

7.11.1.2 线盘架设应选用与线盘相匹配的放线架，且架设平稳。

放线人员应站在线盘的侧后方，当放到线盘上的最后几圈时，应采取措施防止导线突然蹦出。

7.11.1.3 切割导线前，应将切割处的两侧扎紧并固定好，防止导线割断后散开或弹起。导线切割面毛刺应处理。

7.11.1.4 导线压接用的液压机的压力表应完好，液压机的油位应正常。压接操作过程中应有专人监视压力表读数，禁止超压或在夹盖未固定到位的状态下使用。

7.11.1.5 压接用液压机的操作者应位于压钳作用力方向侧面进行观察，防止超压损坏机械，所有连接部位应确保连接状态良好，如发现有不良现象应消除后再进行作业。

7.11.1.6 压接用钢模规格应与导线金具配套，对钢模应进行定期检查，如发现有裂纹或变形，应停止使用。

7.11.1.7 新架设的母线与带电母线邻近或平行时应接地。

7.11.1.8 母线架设应统一指挥，在架线时导线下方不得有人站立或行走。

7.11.1.9 紧线应缓慢，避免导线出现挂阻情况，防止导线受力后突然弹起，人员禁止跨越正在收紧的导线。

7.11.1.10 软母线引下线与设备连接前应进行临时固定，不得任意悬空摆动。

7.11.1.11 在软母线上作业前应检查金具连接是否良好。

7.11.2 硬母线安装

7.11.2.1 硬母线焊接时应通风良好，作业人员应穿戴个人防护装备。

7.11.2.2 硬母线预拱或弯制时，作业人员禁止站在设备顶进方向侧。

7.11.2.3 硬母线切割后断口应进行倒角，毛刺应进行平整处理。

7.11.2.4 绝缘子及母线不得作为施工时承重的支持点。

7.11.2.5 管型母线放置应采取防止滚动和隔离警示的措施。

7.11.2.6 大跨距管型母线吊装时宜采用吊车多点吊装并制定安

全技术措施。

7.11.2.7 新安装的硬母线与带电母线邻近或平行时应接地。

7.12 电 缆 安 装

7.12.1 电缆敷设

7.12.1.1 在开挖邻近地下管线的电缆沟时，应取得业主提供的有关地下管线等的资料，按设计要求制定开挖方案并报监理和业主确认。

7.12.1.2 电缆敷设前，电缆沟及电缆夹层内应清理干净，并应有足够的照明。

7.12.1.3 线盘架设应选用与线盘相匹配的放线架，且架设平稳。放线人员应站在线盘的侧后方。当放到线盘上的最后几圈时，应采取措施防止电缆突然蹦出。

7.12.1.4 电缆敷设时，盘边缘距地面不得小于100mm，电缆盘转动力量要均匀，速度要缓慢平稳。

7.12.1.5 电缆敷设应由专人指挥、统一行动，并有明确的联系信号，不得在无指挥信号时随意拉引，以防人员肢体受伤。

7.12.1.6 机械敷设电缆时，在牵引端宜制作电缆拉线头，保持匀速牵引，应遵守有关操作规程，加强巡视，有可靠的联络信号。电缆敷设时应特别注意多台机械运行中的衔接配合与拐弯处的情况。

7.12.1.7 电缆敷设时，不得在电缆或桥、支架上攀吊或行走。

7.12.1.8 电缆通过孔洞、管子或楼板时，两侧应设专人监护。入口侧应防止电缆被卡或手被带入孔内，出口侧的人员不得在正面接引。

7.12.1.9 在高处、临边敷设电缆时，应有防坠落措施。直接站在梯式电缆架上作业时，应核实其强度。强度不够时，应采取加固措施。不应攀登组合式电缆架、吊架和电缆。

7.12.1.10 电缆敷设时，拐弯处的作业人员应站在电缆外侧。

7.12.1.11 电缆敷设时，临时打开的孔洞应设围栏或安全标志，完工后立即封闭。

7.12.1.12 进入带电区域内敷设电缆时，应取得运维单位同意，办理工作票，设专人监护，采取安全措施，保持安全距离，防止误碰运行设备，不得踩踏运行电缆。

7.12.1.13 电缆穿入带电的盘柜前，电缆端头应做绝缘包扎处理，电缆穿入时盘上应有专人接引，严防电缆触及带电部位及运行设备。

7.12.1.14 运行屏内进行电缆施工时，应设专人监护，做好带电部分遮挡，核对完电缆芯线后应及时包扎好芯线金属部分，防止误碰带电部分，并及时清理现场。

7.12.1.15 电缆敷设经过的建筑隔墙、楼板、电缆竖井，以及屏、柜、箱下部电缆孔洞间均应封堵，其中楼板、电缆竖井封堵支架和隔板的设计及施工应能承受工作人员荷载。

7.12.2 热缩电缆头动火制作

7.12.2.1 热缩电缆头制作需动火时应开具动火工作票，落实动火安全责任和措施。

7.12.2.2 作业场所 5m 内应无易燃易爆物品，通风良好。

7.12.2.3 火焰枪气管和接头应密封良好。

7.12.2.4 做完电缆头后应及时熄灭火焰枪（喷灯），并清除杂物。

7.13 电气试验、调整及启动

7.13.1 一般规定

7.13.1.1 试验人员应具有试验专业知识，充分了解被试设备和所用试验设备、仪器的性能。试验设备应合格有效，不得使用有缺陷及有可能危及人身或设备安全的设备。

7.13.1.2 进行系统调试作业前，应全面了解系统设备状态。对与运行设备有联系的系统进行调试应办理工作票，同时采取隔离措施，并设专人监护。

7.13.1.3 通电试验过程中，试验和监护人员不得中途离开。

7.13.1.4 试验电源应按电源类别、相别、电压等级合理布置，并在明显位置设立安全标志。试验场所应有良好的接地线，试验台上及台前应根据要求铺设橡胶绝缘垫。

7.13.2 高压试验

7.13.2.1 进行高压试验时，应明确试验负责人，试验人员不得少于两人，试验负责人是作业的安全责任人，对试验作业的安全全面负责。

7.13.2.2 高压试验设备和被试验设备的接地端或外壳应可靠接地，低压回路中应有过载自动保护装置的开关并串用双极刀闸。接地线应采用多股编织裸铜线或外覆透明绝缘层铜质软绞线或铜带，接地线的截面应能满足相应试验项目要求，但不得小于 $4mm^2$。动力配电装置上所用的接地线其截面不得小于 $25mm^2$。

7.13.2.3 现场高压试验区域应设置遮栏或围栏，向外悬挂“止步，高压危险！”的安全标志牌，并设专人看护，被试设备两端不在同一地点时，另一端应同时派人看守。

7.13.2.4 电气设备在进行耐压试验前，应先测定绝缘电阻，测量绝缘电阻时，被试设备应与电源断开，测量用的导线应使用相应电压等级的绝缘导线，其端部应有绝缘套。

7.13.2.5 高压引线的接线应牢固，并采用专用的高压试验线，试验中的高压引线及高压带电部件至邻近物体及遮栏的距离应大于表 13 的规定。

表 13 交流和直流试验的安全距离

试验电压 kV	安全距离 m	试验电压 kV	安全距离 m
200	1.5	1000	7.2
500	3.0	1500	13.2
750	4.5		

注 1：表中未列电压等级按高一档电压等级确定安全距离。

注 2：试验电压交流为有效值，直流为最大值。

注 3：适用于海拔不高于 1000m 地区，对用于海拔高于 1000m 地区，按 GB 311.1《高压输变电设备的绝缘配合》中海拔校正规定进行修正。

7.13.2.6 合闸前应先检查接线，包括使用规范的短路线，表计倍率、量程、调压器零位及仪表的开始状态均正确无误，并通知现场人员离开高压试验区域。

7.13.2.7 高压试验应有监护人监视操作，试验负责人许可后，方可加压。加压过程中，监护人传达口令应清楚准确，操作人员应复述应答。

7.13.2.8 高压试验操作人员应穿绝缘靴或站在绝缘台（垫）上，并戴绝缘手套。

7.13.2.9 试验用电源应有断路明显的开关和电源指示灯。更改接线或试验结束时，应首先断开试验电源，再进行充分放电，并将升压设备的高压部分短路接地。

7.13.2.10 试验中人员与带电体的安全距离，对应被试验设备的电压等级应满足表 17 的规定。

7.13.2.11 对高压试验设备和试品放电应使用接地棒，接地棒绝缘长度按安全作业的要求选择，但最小长度不得小于 1000mm，其中绝缘部分不得小于 700mm。试验后被试设备应充分放电。从接地棒接触高压试验设备和试品高压端至试验人员能接触的时间不短于 3min，对大容量试品的放电时间应大于 5min。放电后应将接地棒挂在高压端，保持接地状态，再次试验前取下。

7.13.2.12 对大电容的直流试验设备和试品，以及直流试验电压超过 100kV 的设备和试品接地放电时，应先用带电阻的接地棒或临时代用的放电电阻放电，然后再直接接地或短路放电。

7.13.2.13 遇有雷电、雨、雪、雹、雾和六级以上大风时应停止高压试验。

7.13.2.14 试验中如发生异常情况，应立即断开电源，并经充分放电、接地后方可检查。

7.13.2.15 试验结束后，应检查被试设备上有无遗忘的工具、导线及其他物品，拆除临时围栏或标志旗绳，并将被试验设备恢复原状。

7.13.3　换流站直流高压试验

7.13.3.1　进行晶闸管（可控硅）高压试验前，应停止区域内其他作业，撤离无关人员。进行低压通电试验时，试验人员应与试验带电体保持 0.7m 以上的安全距离，试验人员不得接触阀塔屏蔽罩。

7.13.3.2　地面试验人员与阀体层人员应保持联系，防止误加压。阀体作业层应设专责监护人（在与阀体作业层平行的升降车上监护、指挥），加压过程中应有人监护并复述。

7.13.3.3　换流变压器高压试验前应通知阀厅内高压穿墙套管侧无关人员撤离，并派专人监护。

7.13.3.4　阀厅内高压穿墙套管试验加压前应通知阀厅外侧换流变压器等设备上无关人员撤离，确认其余绕组均已可靠接地，并派专人监护。

7.13.3.5　高压直流系统带线路空载加压试验前，应确认对侧换流站相应的直流线路接地刀闸、极母线出线隔离开关、金属回线隔离开关在拉开状态。

7.13.3.6　单极金属回线运行时，不应对停运极进行空载加压试验。

7.13.3.7　背靠背高压直流系统一侧进行空载加压试验前，应检查另一侧换流变压器是否处于冷备用状态。

7.13.4　二次回路传动试验及其他

7.13.4.1　对电压互感器二次回路做通电试验时，二次回路应与电压互感器断开，一次回路应与系统隔离，拉开隔离开关或取下高压侧熔断器。

7.13.4.2　对电磁感应式电流互感器一次侧进行通电试验时，二次回路禁止开路，短路接地应使用短接片或短接线，禁止用导线缠绕。

7.13.4.3　进行与已运行系统有关的继电保护、自动装置及监控系统调试时，应将有关部分断开或隔离，申请退出运行，做一、二次传动或一次通电时应事先通知，必要时应有运维人员和有关人员配合作业，严防误操作。

7.13.4.4 运行屏上拆接线时应在端子排外侧进行，拆开的线应包好，并注意防止误碰其他运行回路，禁止将运行中的电流互感器二次回路开路及电压互感器二次回路短路、接地。拆除与运行设备有关联回路时，应先拆运行设备端，后拆另一端。其余回路一般先拆电源端，后拆另一端。二次回路接线时，应先接扩建设备侧，后接运行设备侧。

7.13.4.5 做断路器、隔离开关、有载调压装置等主设备远方传动试验时，主设备处应设专人监视，并应有通信联络及相应应急措施。

7.13.4.6 测量二次回路的绝缘电阻时，被试系统内应切断电源，其他作业应暂停。

7.13.4.7 使用钳形电流表时，其电压等级应与被测电压相符。测量时应戴绝缘手套、站在绝缘垫上。

7.13.4.8 使用钳形电流表测量高压电缆线路的电流时，应设专人监护，钳形电流表与高压裸露部分的距离应不小于表14所列数值。

表14 钳形电流表与高压裸露部分的最小距离

电压等级 kV	1～3	6	10	20	35	60	110
最小允许距离 mm	500	500	500	700	800	1000	1300

7.13.4.9 在光纤回路测试时应采取相应的防护措施，防止激光对人眼造成伤害。

7.13.5 智能变电站调试

7.13.5.1 试验人员应熟悉智能变电站技术特点，熟悉本站网络结构、本站 SCD 文件及待校验装置配置、涉及的交换机连接及

VLAN 划分方式。

7.13.5.2 试验人员应熟悉待校验装置与运行设备（包括交换机等）的隔离点，做好安全隔离措施，必要时可以拔出保护跳闸出口的光纤，盖上护套并做好记录、标识。

7.13.5.3 试验仪器应符合 DL/T 624《继电保护微机型试验装置技术条件》的规定，并检验合格。

7.13.5.4 试验前应确保待校验装置的检修压板处于投入状态，并确认装置输出报文带检修位。

7.13.5.5 对智能终端和合并单元进行试验时，应明确其影响范围。在影响范围内的保护装置应退出相应间隔，必要时可以申请保护装置和一次设备退出运行。

7.13.5.6 试验中应核对停役设备的范围，不得投入运行中合并单元的检修压板。

7.13.5.7 试验过程中禁止将随身携带的笔记本等未经过网络安全检验的设备直接接入变电站网络交换机。

7.13.5.8 智能化保护设备功能的投退皆由软压板实现。装置校验时，装置内远方修改定值、远方修改软压板、远方修改定值区功能应退出，保证校验过程中软压板不会误投退。

7.13.5.9 校验结束后，应按记录、标识恢复每个端口的光纤，并核对其与校验前一致，检查装置通信恢复情况，确认所有装置连接正确无断链告警。

7.13.5.10 传动前，应将合并单元、控制保护装置、智能终端设备的检修压板合上。试验完成后，再将所有检修压板退出。

7.13.6 启动

7.13.6.1 电气设备及电气系统的安装调试作业全部完成后，在通电及启动前应检查是否已做好以下工作：

a） 通道及出口畅通，隔离设施完善，孔洞堵严，沟道盖板完整，屋面无漏雨、渗水情况。

b） 照明充足、完善，有适合于电气灭火的消防设施。

c） 房门、网门、盘门该锁的已锁好，安全标志明显、齐全。

d） 人员组织配套完善，操作保护用具齐备。

e） 工作接地及保护接地符合设计要求。

f） 通信联络设施足够、可靠。

g） 所有开关设备均处于断开位置。

h） 所有待启动设备不得有施工及试验的遗留物。

7.13.6.2 完成各项作业检查、办理交接，并离开将要带电的设备及系统，未经许可、登记，不得擅自再进行任何检查和检修、安装作业。

7.13.6.3 电气设备准备启动或带电时，其附近应设遮栏及安全标志牌或派专人看守。

7.13.6.4 在启动调试之前，应组织有关人员检查试验回路，严格做好运行设备、调试设备和施工中设备的安全隔离作业。

7.13.6.5 启动时，被试设备或外接试验设备处，应挂有相应的标志牌，或使用遮栏、红白带等警示装置，高压外接分压器处应采取安全遮栏等特殊警示措施，并派专人看管。

7.13.6.6 带电或启动条件具备后，应由指挥人员按启动方案指挥实施，启动过程的操作应按照相关规定执行。

7.13.6.7 试验和操作人员应严格按照启动调试指挥系统的命令进行作业。试验中一旦发生电气设备异常事故，应立即停止试验，试验人员退出现场，由调试指挥及调度部门进行处理。

7.13.6.8 在一次设备、控制保护屏等运行设备上引取测量信号时，应办理工作票。

7.13.6.9 所有测量引线应选用合适规格导线，连接牢固可靠，防止出现破损、过热、拉脱、轧断或松动等意外，确保电流互感器二次回路不得开路、电压互感器二次回路不得短路、套管末屏不得开路。

7.13.6.10 由开关场引入的临时测量电缆与从控制保护屏引出的

测量引线，应分开布置，且测量设备电源应加隔离变压器。如需将来自两地的测量电缆接到同一测试设备，则应将其中一处来的信号加以隔离。

7.13.6.11 在配电设备及母线送电以前，应先将该段母线的所有回路断开，然后再逐一接通所需回路，防止窜电至其他设备。

7.13.6.12 用系统电压、负荷电流检查保护装置时应做到：

a） 作业开始前工作票应经运维人员许可，并检查相应的安全措施。

b） 应有防止操作过程中电流互感器二次回路开路、电压互感器二次回路短路的措施。

c） 带负荷切换二次电流回路时，操作人员应站在绝缘垫上或穿绝缘鞋。

d） 操作过程应有专人监护。

7.13.6.13 换流站工程系统调试阶段应按照系统调试方案和系统调试调度实施方案执行，禁止进行系统调试指挥许可之外的工作。

7.13.6.14 换流站工程试运行阶段，由运维单位代行管理的设备设施，其维修、消缺、测试均应按照运维单位要求办理工作票许可后方可进行。

7.14 变电站施工专业机具使用

7.14.1 电动升降平台使用

7.14.1.1 电动升降平台应有经过培训的专人操作。

7.14.1.2 电动升降平台应有维护、保养记录，不得改动电动升降平台的控制回路。

7.14.1.3 电动升降平台的支撑防护应符合产品技术文件要求。

7.14.1.4 在电动升降平台上作业应使用安全带。

7.14.2 滤油机、真空泵使用

7.14.2.1 一般规定

7.14.2.1.1 设备使用现场应确定操作负责人，操作负责人应经过

施工单位、相关机构或设备制造厂的专门培训。

7.14.2.1.2 使用现场应配备设备的操作使用说明书或对应所使用设备而编制的操作手册。

7.14.2.1.3 所使用的设备应有维护、保养记录。

7.14.2.1.4 现场应制定防火措施，并按照规定配齐消防器材。

7.14.2.2 滤油机

7.14.2.2.1 滤油机及油系统的金属管道应采取防静电的接地措施。

7.14.2.2.2 滤油设备采用油加热器时，应先开启油泵，后投加热器；停机时操作顺序相反。

7.14.2.2.3 使用真空滤油机时，应严格按照制造厂提供的操作步骤进行。

7.14.2.2.4 压力式滤油机停机时应先关闭油泵的进口阀门。

7.14.2.3 真空泵应润滑良好，冷却水流量应充足，冬季应有防冻措施，并由专人维护。

7.14.3 叉车使用

7.14.3.1 叉车驾驶及操作人员应经过相关机构或设备制造厂的专门培训。

7.14.3.2 叉车应有产品检验合格证件，应有使用过程的维护、保养记录。

7.14.3.3 叉车使用前应对行驶、升降、倾斜等机构进行检查。

7.14.3.4 叉车不得快速起动、急转弯或突然制动；在转弯、拐角、斜坡及弯曲道路上应低速行驶；倒车时，不得用紧急制动。

7.14.3.5 叉车不得载人行驶。

7.14.3.6 叉车作业结束后，应关闭所有控制器，切断动力源，扳下制动闸，将货叉放至最低位置并取出钥匙或拉出联锁后方可离开。

7.14.4 高架车使用

7.14.4.1 高架车驾驶及操作人员应经过相关机构或设备制造厂的专门培训。斗车上的作业人员需要经过专门培训认定后，方可在斗车上进行操作。

7.14.4.2 高架车应有产品检验合格证件，应有使用过程的维护、保养记录。

7.14.5 利用吊车作为支撑点的高处作业平台使用

7.14.5.1 吊车检验合格证件及驾驶操作合格证件报审手续完备，合格证件在有效期内。

7.14.5.2 高处作业平台应参照 GB/T 9465《高空作业车》和 GB 19155《高处作业吊篮》的规定使用、试验、维护与保养。

7.14.5.3 利用吊车作为支撑点的高处作业平台应经计算、验证，并编制使用安全管理规定及操作规程，经施工单位技术负责人批准后方可使用。

7.14.5.4 利用吊车作为支撑点的高处作业平台使用时，操作人员除需具备驾驶操作合格证件外，还需要接受相关高处作业平台使用的技术交底并记录在案。

7.14.5.5 在高处作业平台上的作业人员应使用安全带。

8　改、扩建工程

8.1　一　般　规　定

8.1.1　基本要求

8.1.1.1　应严格执行 Q/GDW 1799.1—2013《国家电网公司电力安全工作规程　变电部分》的相关规定，在运行区内作业应办理工作票。

8.1.1.2　开工前，施工单位应编制施工区域与运行部分的物理和电气隔离方案，并经设备运维单位会审确认。

8.1.1.3　施工电源采用临时施工电源的按本规程 3.5 的规定执行，当使用站内检修电源时，应经设备运维单位批准后在指定的动力箱内引出，不得随意变动。

8.1.2　运行区域设备不停电时的安全距离

无论高压设备是否带电，作业人员不得单独移开或越过遮栏进行作业；若有必要移开遮栏时，应有监护人在场，并符合表 15 规定的安全距离。

表 15　设备不停电时的安全距离

电压等级 kV	安全距离 m	电压等级 kV	安全距离 m
10 及以下（13.8）	0.70	±50 及以下	1.50
20、35	1.00	±400	5.90
66、110	1.50	±500	6.00
220	3.00	±660	8.40
330	4.00	±800	9.30
500	5.00		

续表

电压等级 kV	安全距离 m	电压等级 kV	安全距离 m
750	7.20		
1000	8.70		

注 1：±400kV 数据是按海拔 3000m 校正的，海拔 4000m 时安全距离为 6.00m。
注 2：750kV 数据是按海拔 2000m 校正的，其他等级数据按海拔 1000m 校正。
注 3：表中未列电压等级按高一档电压等级的安全距离执行。

8.1.3　工作票

8.1.3.1　工作票负责人和工作票签发人应经过设备运维单位或由设备运维单位确认的其他单位培训合格，并报设备运维单位备案。

8.1.3.2　下列情况应填用变电站第一种工作票：

a）需要高压设备全部停电、部分停电或做安全措施的工作。

b）在高压设备继电保护、安全自动装置和仪表、自动化监控系统等及其二次回路上工作，需将高压设备停电或做安全措施者。

c）通信系统同继电保护、安全自动装置等复用通道（包括载波、微波、光纤通道等）的检修 、联动试验需将高压设备停电或做安全措施者。

d）在经继电保护出口跳闸的相关回路上工作，需将高压设备停电或做安全措施者。

8.1.3.3　下列情况应填用变电站第二种工作票：

a）在高压设备区域工作，不需要将高压设备停电者或做安全措施的工作。

b）继电保护装置、安全自动装置、自动化监控系统在运行中改变装置原有定值时不影响一次设备正常运行的工作。

c）对于连接电流互感器或电压互感器二次绕组并装在屏柜

上的继电保护、安全自动装置上的工作，可以不停用所保护的高压设备或不需做安全措施。

d） 在继电保护、安全自动装置、自动化监控系统等及其二次回路，以及在通信复用通道设备上检修及试验工作，可以不停用高压设备或不需做安全措施。

8.1.3.4 工作票由设备运维单位签发，也可由设备运维单位和施工单位签发人实行双签发，具体签发程序按照安全协议要求执行。

8.1.4 运行区域运输作业安全距离

进入改、扩建工程运行区域的交通通道应设置安全标志，站内运输其安全距离应满足表16的规定。

表16 车辆（包括装载物）外廓至无围栏带电部分之间的安全距离

交流电压等级 kV	安全距离 m	直流电压等级 kV	安全距离 m
10及以下	0.95	±50及以下	1.65
20	1.05	±400	5.45
35	1.15	±500	5.60
66	1.40	±660	8.00
110	1.65（1.75）	±800	9.00
220	2.55		
330	3.25		
500	4.55		
750	6.70		
1000	8.25		

注1：括号内数字为110kV中性点不接地系统所使用。

注2：±400kV数据按海拔3000m校正，海拔4000m时安全距离为5.55m，海拔1000m时安全距离为5.00m；750kV数据按海拔2000m校正，其他电压等级数据按海拔1000m校正。

注3：表中未列电压等级按高一档电压等级的安全距离执行。

注4：表中数据不适用带升降操作功能的机械运输。

8.1.5 运行区域常规作业

8.1.5.1 在运行的变电站及高压配电室搬动梯子、线材等长物时，应放倒两人搬运，并应与带电部分保持安全距离。在运行的变电站手持非绝缘物件时不应超过本人的头顶，设备区内禁止撑伞。

8.1.5.2 在带电设备周围，禁止使用钢卷尺、皮卷尺和线尺（夹有金属丝者）进行测量作业，应使用相关绝缘量具或仪器进行测量。

8.1.5.3 在带电设备区域内或邻近带电母线处，禁止使用金属梯子。

8.1.5.4 施工现场应随时固定或清除可能漂浮的物体。

8.1.5.5 在变电站（配电室）中进行扩建时，已就位的新设备及母线应及时完善接地装置连接。

8.1.6 运行区域设备及设施拆除作业

8.1.6.1 确认被拆的设备或设施不带电，并做好安全措施。

8.1.6.2 不得破坏原有安全设施的完整性。

8.1.6.3 防止因结构受力变化而发生破坏或倾倒。

8.1.6.4 拆除旧电缆时应从一端开始，不得在中间切断或任意拖拉。

8.1.6.5 拆除有张力的软导线时应缓慢施放。

8.1.6.6 弃置的动力电缆头、控制电缆头，除有短路接地外，应一律视为有电。

8.2 邻近带电体的作业

8.2.1 一般规定

8.2.1.1 邻近带电体作业时，施工全过程应设专人监护。

8.2.1.2 在平行或邻近带电设备部位施工（检修）作业时，为防护感应电压加装的个人保安接地线应记录在工作票上，并由施工作业人员自装自拆。

8.2.1.3 在 330kV 及以上电压等级的运行区域作业时，应采取防静电感应措施，例如穿戴相应电压等级的全套屏蔽服（包括帽、上衣、裤子、手套、鞋等，下同）或静电感应防护服和导电鞋等（220kV 线路杆塔上作业时宜穿导电鞋）；在±400kV 及以上电压等级的直流线路单极停电侧进行作业时，应穿着全套屏蔽服。

8.2.2 施工作业人员安全距离

邻近带电部分作业时，作业人员的正常活动范围与带电设备的安全距离应满足表 17 的规定。

表 17 作业人员工作中正常活动范围与带电设备的安全距离

电压等级 kV	安全距离 m	电压等级 kV	安全距离 m
10 及以下	0.70	±50 及以下	1.50
20、35	1.00	±400	6.70
66、110	1.50	±500	6.80
220	3.00	±660	9.00
330	4.00	±800	10.10
500	5.00		
750	8.00		
1000	9.50		

注 1：±400kV 数据按海拔 3000m 校正，海拔 4000m 时安全距离为 6.80m，海拔 1000m 时安全距离为 5.50m；750kV 数据按海拔 2000m 校正，其他电压等级数据按海拔 1000m 校正。

注 2：表中未列电压等级按高一档电压等级的安全距离执行。

8.2.3 施工机械作业安全距离

起重机、高空作业车和铲车等施工机械操作正常活动范围及起重机臂架、吊具、辅具、钢丝绳及吊物等与带电设备的安全距离不得小于表 18 的规定，且应设专人监护。如小于表 18、大于表 15 所示安全距离时应制定机械操作和现场监控的专项安全措施，并经施工单位和运维部门会审、批准。小于表 15 的安全距离时，应停电进行。

表 18　施工机械操作正常活动范围与带电设备的安全距离

电压等级 kV	安全距离 m	电压等级 kV	安全距离 m
10 及以下	3.00	±50 及以下	4.50
20、35	4.00	±400	9.70
66、110	4.50	±500	10.00
220	6.00	±660	12.00
330	7.00	±800	13.10
500	8.00		
750	11.00		
1000	13.00		

注 1：±400kV 数据按海拔 3000m 校正，海拔 4000m 时安全距离为 10.00m，海拔 1000m 时安全距离为 8.50m；750kV 数据按海拔 2000m 校正，其他电压等级数据按海拔 1000m 校正。

注 2：表中未列电压等级按高一档电压等级的安全距离执行。

8.3　电气设备全部或部分停电作业安全技术措施

8.3.1　断开电源

8.3.1.1　需停电进行作业的电气设备，应把各方面的电源完全断开，其中：

a）在断开电源的基础上，应拉开刀闸，使各方面至少有一个明显的断开点。若无法观察到停电设备的断开点，应有能够反映设备运行状态的电气和机械等指示。

b）与停电设备有电气联系的变压器和电压互感器，应将设备各侧断开，防止向停电设备倒送电。

8.3.1.2　检修设备和可能来电侧的断路器、隔离开关应断开控制电源和合闸能源，隔离开关操作把手应锁住，确保不会误送电。

8.3.1.3 对难以做到与电源完全断开的检修设备，可以拆除设备与电源之间的电气连接。

8.3.2 验电及接地

8.3.2.1 在停电的设备或母线上作业前，应经检验确无电压后方可装设接地线，装好接地线后方可进行作业。

8.3.2.2 验电与接地应由两人进行，其中一人应为监护人。进行高压验电应戴绝缘手套、穿绝缘鞋。验电器的伸缩式绝缘棒长度应拉足，验电时手应握在手柄处，不得超过护环。

8.3.2.3 验电时，应使用相应电压等级且检验合格的接触式验电器。验电前进行验电器自检，且应在确知的同一电压等级带电体上试验，确认验电器良好后方可使用。验电应在装设接地线或合接地刀闸（装置）处对各相分别进行。

8.3.2.4 表示设备断开和允许进入间隔的信号及电压表的指示等，均不得作为设备有无电压的根据，应验电。如果指示有电，禁止在该设备上作业。

8.3.2.5 对停电设备验明确无电压后，应立即将设备接地并三相短路。凡可能送电至停电设备的各部位均应装设接地线或合上专用接地开关。在停电母线上作业时，应将接地线尽量装在靠近电源进线处的母线上，必要时可装设两组接地线，并做好登记。接地线应明显，并与带电设备保持安全距离。

8.3.2.6 电缆及电容器接地前应逐相充分放电，星形接线电容器的中性点应接地，串联电容器及与整组电容器脱离的电容器应逐个多次放电，装在绝缘支架上的电容器外壳也应放电。

8.3.2.7 成套接地线应由有透明护套的多股软铜线和专用线夹组成，截面积应满足装设地点短路电流的要求，但不得小于25mm^2。

8.3.2.8 禁止使用不符合规定的导线做接地线或短路线，接地线应使用专用的线夹固定在导体上，禁止用缠绕的方法进行接地或短路。装拆接地线应使用绝缘棒，戴绝缘手套。挂接地线时应先接接地端，再接设备端，拆接地线时顺序相反。

8.3.2.9 作业人员不应擅自移动或拆除接地线。装、拆接地线导体端均应使用绝缘棒和戴绝缘手套，人体不得碰触接地线或未接地的导线。带接地线拆设备接头时，应采取防止接地线脱落的措施。

8.3.2.10 对需要拆除全部或一部分接地线后才能进行的作业，应征得运维人员的许可，作业完毕后立即恢复。未拆除期间不得进行相关的高压回路作业。

8.3.3 悬挂标志牌和装设围栏

8.3.3.1 在一经合闸即可送电到作业地点的断路器和隔离开关的操作把手、二次设备上均应悬挂“禁止合闸，有人工作!”的安全标志牌。

8.3.3.2 在室内高压设备上或某一间隔内作业时，在作业地点两旁及对面的间隔上均应设围栏并悬挂“止步，高压危险!”的安全标志牌。

8.3.3.3 在室外高压设备上作业时，应在作业地点的四周设围栏，其出入口要围至邻近道路旁边，并设有“从此进出！”的安全标志牌，作业地点四周围栏上悬挂适当数量的“止步，高压危险！”的安全标志牌，标志牌应朝向围栏里面。若室外的大部分设备停电，只有个别地点保留有带电设备，其他设备无触及带电导体的可能时，可以在带电设备四周装设全封闭围栏，围栏上悬挂适当数量的“止步，高压危险！”的安全标志牌，标志牌应朝向围栏外面。

8.3.3.4 在作业地点悬挂“在此工作!”的安全标志牌。

8.3.3.5 在室外构架上作业时，应设专人监护，在作业人员上下的梯子上，应悬挂“从此上下！”的安全标志牌。在邻近可能误登的构架上应悬挂“禁止攀登，高压危险!”的安全标志牌。

8.3.3.6 设置的围栏应醒目、牢固。禁止任意移动或拆除围栏、接地线、安全标志牌及其他安全防护设施。因作业原因需短时移动或拆除围栏或安全标志牌时，应征得工作许可人同意，并在作业负责人的监护下进行。完毕后应立即恢复。

8.3.3.7 安全标志牌、围栏等防护设施的设置应正确、及时，作业完毕后应及时拆除。

8.3.4 工作结束

8.3.4.1 全部工作结束后，应清扫、整理现场。工作负责人应先周密检查，待全部作业人员撤离工作地点后，再向运维人员交待工作情况，并与运维人员共同检查现场确认符合规定，办理工作票终结手续。

8.3.4.2 接地线一经拆除，设备即应视为有电，禁止再去接触或进行作业。

8.3.4.3 禁止采用预约停送电时间的方式在设备或母线上进行任何作业。

8.4 改、扩建工程的专项作业

8.4.1 运行区域户外施工作业

8.4.1.1 220kV 及以上构架的拆除工程项目应编制专项安全施工方案。

8.4.1.2 在带电设备垂直上方的作业项目应编制专项安全施工方案，如采取防护隔离措施，防护隔离措施的绝缘等级和机械强度均应符合相应规定要求，且不得在雨、雪、大风等天气进行。

8.4.1.3 吊装断路器、隔离开关、电流互感器、电压互感器等大型设备时，应在设备底部捆绑控制绳，防止设备摇摆。

8.4.1.4 拆装设备连接线时，宜用升降车或梯子进行，拆掉后的设备连接线用尼龙绳固定，防止设备连接线摆动造成母线损坏。

8.4.1.5 在母线和横梁上作业或新增设母线与带电母线靠近、平行时，母线应接地，并制定严格的防静电措施，作业人员应穿静电感应防护服或屏蔽服作业。

8.4.1.6 采用升降车作业时，应两人进行，一人作业，一人监护，升降车应可靠接地。

8.4.1.7 拆挂母线时，应有防止钢丝绳和母线弹到邻近带电设备或母线上的措施。

8.4.2　运行区域室内作业

8.4.2.1　拆装盘、柜等设备时，作业人员应动作轻慢，防止振动，与运行盘柜相连固定时，不应敲打盘柜。

8.4.2.2　在室内动用电焊、气焊等明火时，除按规定办理动火工作票外，还应制定完善的防火措施，设置专人监护，配备足够的消防器材，所用的隔板应是防火阻燃材料。

8.4.3　运行或部分带电盘、柜内作业

8.4.3.1　应了解盘内带电系统的情况，并进行相应的运行区域和作业区域标识。

8.4.3.2　安装盘上设备时应穿工作服、戴工作帽、穿绝缘鞋或站在绝缘垫上，使用绝缘工具，整个过程应有专人监护。

8.4.3.3　二次接线时，应先接新安装盘、柜侧的电缆，后接运行盘、柜侧的电缆，在运行盘、柜内作业时接线人员应避免触碰正在运行的电气元件。

8.4.3.4　在已运行或已装仪表的盘上补充开孔前应编制专项施工措施，开孔时应防止铁屑散落到其他设备及端子上。对邻近由于振动可引起误动的保护应申请临时退出运行。

8.4.3.5　进行盘、柜上小母线施工时，作业人员应做好相邻盘、柜上小母线的防护作业，新装盘的小母线在与运行盘上的小母线接通前，应有隔离措施。

8.4.3.6　二次接线及调试时所用的交直流电源，应接在经设备运维单位批准的指定接线位置，作业人员不得随意接取。

8.4.3.7　电烙铁使用完毕后不得随意乱放，以免烫伤运行的电缆或设备。

8.4.4　运行盘、柜内与运行部分相关回路搭接作业

8.4.4.1　与运行部分相关回路电缆接线的退出及搭接作业应编制专项安全施工方案，并通过设备运维单位会审确认。

8.4.4.2　与运行部分相关回路电缆接线的退出及搭接作业的安全

技术交底内容应落实到每个接线端子上。

8.4.4.3 拆盘、柜内二次电缆时，作业人员应确定所拆电缆确实已退出运行，应用验电笔或表计测量确认后方可作业。拆除的电缆端头应采取绝缘防护措施。

8.4.4.4 剪断电缆前，应与电缆走向图纸核对相符，并确认电缆两头接线脱离无电后方可作业。

第三篇

线路部分

9 杆 塔 工 程

9.1 一 般 规 定

9.1.1 作业人员应熟悉施工区域内的环境。

9.1.2 组立或者拆、换杆塔时应设专责监护人，施工过程中应有专人指挥，信号统一，口令清晰，统一行动。

9.1.3 组塔作业区域应设置提示遮栏等明显安全警示标志，非作业人员不得进入作业区。

9.1.4 组立 220kV 及以上电压等级线路的杆塔时，不得使用木抱杆。

9.1.5 用于组塔或抱杆的临时拉线均应用钢丝绳。组塔用钢丝绳的安全系数K、动荷系数K_1及不均衡系数K_2参见附录E的表E.1～表 E.3。

9.1.6 临时地锚设置应遵守下列规定：

a） 组塔应设置临时地锚（含地锚和桩锚），锚体强度应满足相连接的绳索的受力要求。

b） 钢制锚体的加强筋或拉环等焊接缝有裂纹或变形时应重新焊接，木质锚体应使用质地坚硬的木料。发现有虫蛀、腐烂变质者禁止使用。

c） 采用埋土地锚时，地锚绳套引出位置应开挖马道，马道与受力方向应一致。

d） 采用角铁桩或钢管桩时，一组桩的主桩上应控制一根拉绳。

e） 临时地锚应采取避免被雨水浸泡的措施。

f） 不得利用树木或外露岩石等承力大小不明物体作为主要

受力钢丝绳的地锚。

g） 地锚埋设应设专人检查验收，回填土层应逐层夯实。

9.1.7 组塔作业前应遵守下列规定：

9.1.7.1 应清除影响组塔的障碍物，如无法清除时应采取其他安全措施。

9.1.7.2 应检查抱杆正直、焊接、铆固、连接螺栓紧固等情况，判定合格后方可使用。

9.1.7.3 吊件螺栓应全部紧固，吊点绳、承托绳、控制绳及内拉线等绑扎处受力部位，不得缺少构件。

9.1.7.4 高度为 80m 及以上铁塔组立前，应了解铁塔组立期间的当地气象条件，避开恶劣天气。

9.1.8 组塔过程中应遵守下列规定：

a） 吊件垂直下方不得有人。

b） 在受力钢丝绳的内角侧不得有人。

c） 禁止在杆塔上有人时，通过调整临时拉线来校正杆塔倾斜或弯曲。

d） 分解组塔过程中，塔上与塔下人员通信联络应畅通。

e） 钢丝绳与金属构件绑扎处，应衬垫软物。

f） 组装杆塔的材料及工器具禁止浮搁在已立的杆塔和抱杆上。

g） 组立的杆塔不得用临时拉线固定过夜。需要过夜时，应对临时拉线采取安全措施。

h） 攀登高度 80m 以上铁塔宜沿有护笼的爬梯上下。如无爬梯护笼时，应采用绳索式安全自锁器沿脚钉上下。

i） 铁塔高度大于 100m 时，组立过程中抱杆顶端应设置航空警示灯或红色旗号。

j） 铁塔组立过程中及电杆组立后，应及时与接地装置连接。

k） 杆塔的临时拉线应在永久拉线全部安装完毕后方可拆除，拆除时应由现场指挥人统一指挥。禁止安装一根永久拉线随即拆除一根临时拉线。

l） 铁塔组立后，地脚螺栓应随即加垫板并拧紧螺帽及打毛丝扣。

m） 拆除抱杆应采取防止拆除段自由倾倒的措施，且宜分段拆除。不得提前拧松或拆除部分抱杆分段连接螺栓。

9.1.9 线路专用货运索道

9.1.9.1 索道的设计、安装、检验、运行、拆卸应严格遵守 GB 12141《货运架空索道安全规范》、GB 50127《架空索道工程技术规范》、DL 5009.2《电力建设安全工作规程 第 2 部分：电力线路》及有关技术规定。

9.1.9.2 索道设备出厂时应按有关标准进行严格检验，并出具合格证书。

9.1.9.3 索道架设应按索道设计运输能力、选用的承力索规格、支撑点高度和高差、跨越物高度、索道档距精确计算索道架设弛度，架设时严格控制弛度误差范围。

9.1.9.4 索道料场支架处应设置限位装置，低处料场及坡度较大的支架处宜设置挡止装置。

9.1.9.5 索道架设完成后，需经使用单位和监理单位安全检查验收合格后才能投入试运行，索道试运行合格后，方可运行。

9.1.9.6 索道架设后应在各支架及牵引设备处安装临时接地装置。

9.1.9.7 索道运行速度应根据所运输物件的重量，调整发动机转速，最高运行速度不宜超过 10m/min。载重小车通过支架时，牵引速度应缓慢，通过支架后方可正常运行。

9.1.9.8 运行时发现有卡滞现象应停机检查。对于任一监护点发出的停机指令，均应立即停机，等查明原因且处理完毕后方可继续运行。

9.1.9.9 牵引设备卷筒上的钢索至少应缠绕 5 圈。牵引设备的制动装置应经常检查，保持有效的制动力。

9.1.9.10 索道运行过程中不得有人员在承重索下方停留。待驱动装置停机后，装卸人员方可进入装卸区域作业。

9.1.9.11 索道禁止超载使用，禁止载人。

9.1.9.12 遇有雷雨、五级及以上大风等恶劣天气时不得作业。

9.2 钢筋混凝土电杆排杆

9.2.1 滚动杆段时滚动前方不应有人。杆段顺向移动时，应随时将支垫处用木楔掩牢。

9.2.2 用棍、杠撬拨杆段时，应防止其滑脱伤人。不得用铁撬棍插入预埋孔转动杆段。

9.2.3 排杆处地形不平或土质松软，应先平整或支垫坚实，必要时杆段应用绳索锚固。

9.2.4 杆段应支垫两点，支垫处两侧应用木楔掩牢。

9.2.5 作业点周围 5m 内的易燃易爆物应清除干净。

9.2.6 对两端封闭的钢筋混凝土电杆，应先在其一端凿排气孔，然后施焊，焊接结束应及时采取防腐措施。

9.3 杆 塔 组 装

9.3.1 组装构件连接对孔时，禁止将手指伸入螺孔找正。

9.3.2 传递工具及材料不得抛掷。

9.3.3 组装断面宽大的塔片，在竖立的构件未连接牢固前应采取临时固定措施。

9.3.4 分片组装铁塔时，所带辅材应能自由活动。辅材挂点螺栓的螺帽应露扣。辅材自由端朝上时应与相连构件进行临时捆绑固定。

9.3.5 抱杆使用应遵守下列规定：

a） 抱杆规格应根据荷载计算确定，不得超负荷使用。搬运、使用中不得抛掷和碰撞。

b） 抱杆连接螺栓应按规定使用，不得以小代大。

c） 金属抱杆，整体弯曲不得超过杆长的 1/600，局部弯曲严重、磕瘪变形、表面腐蚀、裂纹或脱焊不得使用。

d） 抱杆帽或承托环表面有裂纹、螺纹变形或螺栓缺少不得使用。

9.3.6 山地铁塔地面组装时应遵守下列规定：

a） 塔材不得顺斜坡堆放。

b） 选料应由上往下搬运，不得强行拽拉。

c） 山坡上的塔片垫物应稳固，且应有防止构件滑动的措施。

d） 组装管形构件时，构件间未连接前应采取防止滚动的措施。

9.3.7 塔上组装应遵守下列规定：

a） 多人组装同一塔段（片）时，应由一人负责指挥。

b） 高处作业人员应站在塔身内侧或其他安全位置，且安全防护用具已设置可靠后方准作业。

c） 需要地面人员协助操作时，应经现场指挥人下达操作指令。

d） 塔片就位时应先低侧后高侧，主材与侧面大斜材未全部连接牢固前，不得在吊件上作业。

9.4 倒落式人字抱杆整体组立杆塔

9.4.1 杆塔起吊前，现场指挥人应检查现场布置情况。各岗位作业人员应检查各自操作项目的布置情况。

9.4.2 指挥人员应站在能够观察到各个岗位的位置，但不得站在总牵引地锚受力的前方。

9.4.3 杆塔侧面应设专人监视，传递信号应清晰畅通。

9.4.4 电杆根部监视人应站在杆根侧面，下坑操作前应停止牵引。

9.4.5 总牵引地锚出土点、制动系统中心、抱杆顶点及杆塔中心四点应在同一垂直面上，不得偏移。

9.4.6 人字抱杆的根部应保持在同一水平面上，并用钢丝绳连接牢固。

9.4.7 抱杆支立在松软土质处时，其根部应有防沉措施。抱杆支立在坚硬或冰雪冻结的地面上时，其根部应有防滑措施。

9.4.8 抱杆受力后发生不均匀沉陷时，应及时进行调整。

9.4.9 起立抱杆用的制动绳锚在杆塔身上时，应在杆塔刚离地面后及时拆除。

9.4.10 杆塔两侧及后方应设置临时拉线，并依据指挥人指令及时调整。

9.4.11 杆塔顶部吊离地面约 500mm 时，应暂停牵引，进行冲击试验，全面检查各受力部位，确认无问题后方可继续起立。

9.4.12 抱杆脱帽绳应穿过脱帽环由专人控制其脱落。抱杆脱帽时，杆塔应及时带上反向临时拉线（即后方临时拉线），并应随电杆起立适度放出。

9.4.13 杆塔起立角约 70°时应减慢牵引速度。约 80°时应停止牵引，利用临时拉线将杆塔调正、调直。

9.4.14 Π 形电杆起立前应挖马道。两杆马道的深度和坡度应一致。

9.4.15 无叉梁或无横梁的门型杆塔起立时，应在吊点处进行补强。

9.4.16 带拉线的转角杆塔起立后，在安装永久拉线的同时，应在内角侧设置半永久性拉线，该拉线应在架线结束后拆除。

9.4.17 整体组立铁塔时，其根部应安装塔脚铰链。铰链应转动灵活，强度应符合施工设计要求。

9.4.18 用两套倒落式抱杆同时起立门型杆塔时，现场布置和工器具配备应基本相同，两套系统的牵引速度应基本一致。

9.4.19 邻近带电体整体组立杆塔的最小安全距离应大于倒杆距离，并采取防感应电的措施。

9.5 分解组立钢筋混凝土电杆

9.5.1 分解组立钢筋混凝土电杆宜采用人字抱杆任意方向单扳法。

9.5.2 采用通天抱杆起吊单杆时，电杆长度不宜超过 21m，电杆绑扎点不得少于 2 个。

9.5.3 电杆的临时拉线数量：单杆不得少于 4 根，双杆不得少于 6 根。

9.5.4 抱杆的临时拉线设置不得妨碍电杆及横担的吊装。若为门型杆时，先立一根电杆的拉线不得妨碍待立电杆和横担的吊装。

9.5.5 抱杆及电杆的临时拉线绑扎及锚固应牢固可靠，起吊前应经指挥人或专责监护人检查。

9.5.6 横担吊装未达到设计位置前，杆上不得有人。

9.5.7 电杆立起后，临时拉线在地面未固定前，不得登杆作业。

9.6 附着式外拉线抱杆分解组塔

9.6.1 升降抱杆过程中，四侧临时拉线应由拉线控制人员根据指挥人命令适时调整。

9.6.2 抱杆到达预定位置后，应将抱杆根部与塔身主材绑扎牢固。抱杆倾斜角不宜超过 15°。

9.6.3 起吊构件前，吊件外侧应设置控制绳。吊装构件过程中，应对抱杆的垂直度进行监视，吊件控制绳应随吊件的提升均匀松出。

9.6.4 构件起吊和就位过程中，不得调整抱杆拉线。

9.7 内悬浮内（外）拉线抱杆分解组塔

9.7.1 承托绳的悬挂点应设置在有大水平材的塔架断面处，若无大水平材时应验算塔架强度，必要时应采取补强措施。

9.7.2 承托绳应绑扎在主材节点的上方。承托绳与主材连接处宜设置专门夹具，夹具的握着力应满足承托绳的承载能力。承托绳与抱杆轴线间夹角不应大于 45°。

9.7.3 抱杆内拉线的下端应绑扎在靠近塔架上端的主材节点下方。

9.7.4 提升抱杆宜设置两道腰环，且间距不得小于 5m，以保持抱杆的竖直状态。

9.7.5 构件起吊过程中抱杆腰环不得受力。

9.7.6 应视构件结构情况在其上、下部位绑扎控制绳，下控制绳

（也称攀根绳）宜使用钢丝绳。

9.7.7 构件起吊过程中，下控制绳应随吊件的上升随之松出，保持吊件与塔架间距不小于100mm。

9.7.8 抱杆长度超过30m以上一次无法整体起立时，多次对接组立应采取倒装方式，禁止采用正装方式对接组立悬浮抱杆。

9.8 座地摇（平）臂抱杆分解组塔

9.8.1 抱杆组装应正直，连接螺栓的规格应符合规定，并应全部拧紧。

9.8.2 抱杆应坐落在坚实稳固平整的地基或设计规定的基础上，若为软弱地基时应采取防止抱杆下沉的措施。

9.8.3 提升（顶升）抱杆时，不得少于两道腰环，腰环固定钢丝绳应呈水平并收紧，同时应设专人指挥。

9.8.4 摇臂的中部位置或非吊挂滑车位置不得悬挂起吊滑车或其他临时拉线。

9.8.5 停工或过夜时，应将起吊滑车组收紧在地面固定。禁止悬吊构件在空中停留过夜。

9.8.6 抱杆采取单侧摇臂起吊构件时，对侧摇臂及起吊滑车组应收紧作为平衡拉线。

9.8.7 吊装构件前，抱杆顶部应向受力反侧适度预倾斜。构件吊装过程中，应对抱杆的垂直度进行监视，抱杆向吊件侧倾斜不宜超过100mm。

9.8.8 无拉线摇臂抱杆不宜双侧同时起吊构件。若双侧起吊构件应设置抱杆临时拉线。

9.8.9 抱杆提升过程中，应监视腰环与抱杆不得卡阻，抱杆提升时拉线应呈松弛状态。

9.8.10 抱杆就位后，四侧拉线应收紧并固定，组塔过程中应有专人值守。

9.8.11 平臂抱杆组塔应遵守下列规定：

9.8.11.1 抱杆各部件间应连接牢固，并设置附着和配重。
9.8.11.2 抱杆应用良好的接地装置，接地电阻不得大于 4Ω。
9.8.11.3 构件应组装在起重臂下方，且符合起重臂允许起重力矩要求。
9.8.11.4 应配置力矩、风速等监控装置，作业前检查应处于正常状态。
9.8.11.5 起重小车行走到起重臂顶端，终止点距顶端应大于 1m。

9.9 流动式起重机组塔

9.9.1 指挥人员看不清作业地点或操作人员看不清指挥信号时，均不得进行起吊作业。
9.9.2 起重机作业位置的地基应稳固，附近的障碍物应清除。
9.9.3 吊装铁塔前，应对已组塔段（片）进行全面检查。
9.9.4 吊件离开地面约 100mm 时应暂停起吊并进行检查，确认正常且吊件上无搁置物及人员后方可继续起吊，起吊速度应均匀。
9.9.5 分段吊装铁塔时，上下段间有任一处连接后，不得用旋转起重臂的方法进行移位找正。
9.9.6 分段分片吊装铁塔时，控制绳应随吊件同步调整。
9.9.7 起重机在作业中出现异常时，应采取措施放下吊件，停止运转后进行检修，不得在运转中进行调整或检修。
9.9.8 在电力线附近组塔时，起重机应接地良好。起重机及吊件、牵引绳索和拉绳与带电体的最小安全距离应符合表 19 的规定。

表 19 起重机及吊件与带电体的安全距离

电压等级 kV	安全距离 m	
	沿垂直方向	沿水平方向
≤10	3.00	1.50
20～35	4.00	2.00

续表

电压等级 kV	安全距离 m	
	沿垂直方向	沿水平方向
66～110	5.00	4.00
220	6.00	5.50
330	7.00	6.50
500	8.50	8.00
750	11.00	11.00
1000	13.00	13.00
±50 及以下	5.00	4.00
±400	8.50	8.00
±500	10.00	10.00
±660	12.00	12.00
±800	13.00	13.00

注 1：750kV 数据是按海拔 2000m 校正的，其他等级数据按海拔 1000m 校正。

注 2：表中未列电压等级按高一档电压等级的安全距离执行。

9.9.9 使用两台起重机抬吊同一构件时，起重机承担的构件重量应考虑不平衡系数后且不应超过单机额定起吊重量的 80%。两台起重机应互相协调，起吊速度应基本一致。

9.9.10 起重臂下和重物经过的地方禁止有人逗留或通过。

9.10 直升机组塔

9.10.1 直升机组塔飞行准备应遵守下列规定：

a） 根据任务性质不同应包括地面指挥、空中观察、设备控制、救生人员等，机组与作业人员之间应协同配合，地面人员应接受有关安全知识培训。

b） 应根据作业环境、任务性质选择适合型号的直升机实施外载荷飞行，作业时机组应充分考虑机型升限、单发性能以及区域天气变化对直升机性能的影响。

c） 机组人员应事先到目的地区域进行实地考察，查看目的地周边障碍物（如山、高压线、桅状物、建筑物等）情况以及净空条件是否能满足直升机起降要求。

d） 直升机着陆区及停机坪区应进行标识，应设立安全隔离区以限制未经授权的人员进入。

e） 起降点区域大小应满足直升机起降的尺寸要求，确保起降区域无易吹起的浮雪、扬尘及其他类似物体。

f） 确定降落场地的海拔高度、温度以及航线的最低安全高度以满足直升机的性能要求，准确掌握作业区域气象信息，确保飞行安全。

g） 实施作业前应明确分工，确定挂钩、脱钩等作业人员，确保参与作业人员清楚作业流程。

h） 应综合作业区域气象条件、直升机性能、紧急抛物处置时间、返场备份油料等因素，确定组塔外载荷最大重量，并制定措施严格控制，避免超重。

i） 根据外载荷种类和所挂货物重量重新计算直升机重心，应确保重心不能超限。

j） 应在作业区域周边空旷地带，规划、选定抛物区，并设置隔离措施，满足直升机紧急情况时的抛物需求。

9.10.2 直升机组塔应遵守下列规定：

a） 作业实施过程中，应由有经验的人员在起降区域担任现场指挥。

b） 在起动过程中，机外人员不得处于旋翼旋转面下，且应远离尾桨。

c） 现场监控人员应配备无线电耳机，保证监控人员和机组人员的交流畅通。

d） 应充分利用机载设备，保持合适的作业高度，防止作业期间刮碰障碍物。

e） 应使用合适长度的钢索减少摆动，作业时禁止超速，影响到飞行操作乃至安全时应选择合适时机抛除载荷。

f） 作业期间，地面作业人员应做好防静电措施。

g） 对接塔材时，导轨系统应精确，水平、垂直限位装置应牢固可靠。

h） 就位塔段安装固定后，直升机上升过程应缓慢，防止控制绳与杆塔发生缠绕。

i） 吊件对接就位过程中，对接面作业人员应采取安全防护措施。

9.10.3 依据起降区域作业期间可能出现的季节性天气应做好特殊的防护准备，若遇雷雨、大风、霜冻、降雪、冰雹等恶劣天气应停止作业，夜间禁止作业。

9.10.4 因作业区域常在高原山区、丛林戈壁，参与作业人员应做好个人防护措施，应根据作业区域配备氧气设备、护目镜、有毒蚊虫防护服等。

9.11 杆 塔 拆 除

9.11.1 不得随意整体拉倒杆塔或在塔上有导、地线的情况下整体拆除。

9.11.2 采用新塔拆除旧塔或用旧塔组立新塔时，应对旧塔进行检查，必要时应采取补强措施。

9.11.3 杆塔拆除应该根据现场地形、交跨情况确定拆塔方案，并应遵守下列规定：

a） 分解拆除铁塔时，应按照组塔的逆顺序操作，先将待拆构件受力后，方准拆除连接螺栓。

b） 整体倒塔时应有专人指挥，设立 1.2 倍倒杆距离警戒区，由专人巡查监护，明确倒杆方向。

c） 拉线塔拆除时应先将原永久拉线更换为临时拉线再进行拆除作业。

9.11.4 拆除杆塔的受力构件前应转换构件承力方式或对其进行补强。

9.11.5 拆塔采用气（焊）割作业时，应遵守本规程 4.6 的有关规定。

10 架 线 工 程

10.1 跨越架搭设与拆除

10.1.1 一般规定。

10.1.1.1 跨越架的搭设应有搭设方案或施工作业指导书，并经审批后办理相关手续。跨越架搭设前应进行安全技术交底。

10.1.1.2 搭设或拆除跨越架应设专责监护人。

10.1.1.3 跨越架架体的强度，应能在发生断线或跑线时承受冲击荷载。

10.1.1.4 跨越架应采取防倾覆措施。

10.1.1.5 搭设跨越架，应事先与被跨越设施的产权单位取得联系，必要时应请其派员监督检查。

10.1.1.6 跨越架的中心应在线路中心线上，宽度应考虑施工期间牵引绳或导地线风偏后超出新建线路两边线各 2.0m，且架顶两侧应设外伸羊角。

10.1.1.7 跨越架与铁路、公路及通信线的最小安全距离应符合表 20 的规定。跨越架与高速铁路的最小安全距离应符合表 21 的规定。

表 20 跨越架与被跨越物的最小安全距离

跨越物名称 跨越架部位	一般铁路	一般公路	高速公路	通信线
与架面水平距离 m	至铁路轨道：2.5	至路边：0.6	至路基 （防护栏）：2.5	0.6
与封顶杆垂直距离 m	至轨顶：6.5	至路面：5.5	至路面：8	1.0

表21　跨越架与高速铁路的最小安全距离

安全距离		高速铁路
水平距离 m	架面距铁路附加导线	不小于7m且位于防护栅栏外
垂直距离 m	封顶网（杆）距铁路轨顶	不小于12m
	封顶网（杆）距铁路电杆顶或距导线	不小于4m

10.1.1.8　跨越架横担中心应设置在新架线路每相（极）导线的中心垂直投影上。

10.1.1.9　各类型金属格构式跨越架架顶应设置挂胶滚筒或挂胶滚动横梁。

10.1.1.10　跨越架上应悬挂醒目的警告标志及夜间警示装置。

10.1.1.11　跨越架应经现场监理及使用单位验收合格后方可使用。

10.1.1.12　强风、暴雨过后应对跨越架进行检查，确认合格后方可使用。

10.1.1.13　跨越公路的跨越架，应在公路前方距跨越架适当距离设置提示标志。

10.1.2　使用金属格构式跨越架应遵守下列规定：

a）新型金属格构式跨越架架体应经载荷试验，具有试验报告及产品合格证后方可使用。

b）跨越架架体宜采用倒装分段组立或起重机整体组立。

c）跨越架的拉线位置应根据现场地形情况和架体组立高度确定。跨越架的各个立柱应有独立的拉线系统，立柱的长细比一般不应大于120。

d）采用提升架提升跨越架架体时，应控制拉线并用经纬仪监测调整垂直度。

10.1.3　使用悬索跨越架应遵守下列规定：

a）悬索跨越架的承载索应用纤维编织绳，其综合安全系数在事故状态下应不小于6，钢丝绳应不小于5。拉网（杆）

绳、牵引绳的安全系数应不小于 4.5。网撑竿的强度和抗弯能力应根据实际荷载要求，安全系数应不小于 3。承载索悬吊绳安全系数应不小于 5。

b） 承载索、循环绳、牵网绳、支承索、悬吊绳、临时拉线等的抗拉强度应满足施工设计要求。

c） 绝缘绳、网使用前应进行外观检查，绳、网有严重磨损、断股、污秽及受潮时不得使用。

d） 可能接触带电体的绳索，使用前均应经绝缘测试并合格。

e） 绝缘网宽度应满足导线风偏后的保护范围。绝缘网伸出被保护的电力线外长度不得小于 10m。

10.1.4 使用木质、毛竹、钢管跨越架应遵守下列规定：

a） 木质跨越架所使用的立杆有效部分的小头直径不得小于 70mm，60mm～70mm 的可双杆合并或单杆加密使用。横杆有效部分的小头直径不得小于 80mm。

b） 木质跨越架所使用的杉木杆，出现木质腐朽、损伤严重或弯曲过大等情况的不得使用。

c） 毛竹跨越架的立杆、大横杆、剪刀撑和支杆有效部分的小头直径不得小于 75mm，50mm～75mm 的可双杆合并或单杆加密使用。小横杆有效部分的小头直径不得小于 50mm。

d） 毛竹跨越架所使用的毛竹，如有青嫩、枯黄、麻斑、虫蛀以及裂纹长度超过一节以上等情况的不得使用。

e） 木、竹跨越架的立杆、大横杆应错开搭接，搭接长度不得小于 1.5m，绑扎时小头应压在大头上，绑扣不得少于 3 道。立杆、大横杆、小横杆相交时，应先绑 2 根，再绑第 3 根，不得一扣绑 3 根。

f） 木、竹跨越架立杆均应垂直埋入坑内，杆坑底部应夯实，埋深不得少于 0.5m，且大头朝下，回填土应夯实。遇松土或地面无法挖坑时应绑扫地杆。跨越架的横杆应与立杆成直角搭设。

g） 钢管跨越架宜用外径 48mm～51mm 的钢管，立杆和大横杆应错开搭接，搭接长度不得小于 0.5m。

h） 钢管跨越架所使用的钢管，如有弯曲严重、磕瘪变形、表面有严重腐蚀、裂纹或脱焊等情况的不得使用。

i） 钢管立杆底部应设置金属底座或垫木，并设置扫地杆。

j） 跨越架两端及每隔 6 根～7 根立杆应设置剪刀撑、支杆或拉线。拉线的挂点或支杆或剪刀撑的绑扎点应设在立杆与横杆的交接处，且与地面的夹角不得大于 60°。支杆埋入地下的深度不得小于 0.3m。

k） 各种材质跨越架的立杆、大横杆及小横杆的间距不得大于表 22 的规定。

表 22　立杆、大横杆及小横杆的间距

<table>
<tr><th rowspan="2">跨越架类别</th><th rowspan="2">立杆
m</th><th rowspan="2">大横杆
m</th><th colspan="2">小横杆
m</th></tr>
<tr><th>水平</th><th>垂直</th></tr>
<tr><td>钢管</td><td>2.0</td><td rowspan="3">1.2</td><td>4.0</td><td>2.4</td></tr>
<tr><td>木</td><td>1.5</td><td>3.0</td><td>2.4</td></tr>
<tr><td>竹</td><td>1.2</td><td>2.4</td><td>2.4</td></tr>
</table>

10.1.5　跨越架拆除

10.1.5.1　附件安装完毕后，方可拆除跨越架。钢管、木质、毛竹跨越架应自上而下逐根拆除，并应有人传递，不得抛扔。不得上下同时拆架或将跨越架整体推倒。

10.1.5.2　采用提升架拆除金属格构式跨越架架体时，应控制拉线并用经纬仪监测垂直度。

10.2　人力及机械牵引放线

10.2.1　放线时的通信应畅通、清晰、指令统一，不得在无通信联络的情况下放线。

10.2.2 被跨越的低压线路或弱电线路需要开断时，应事先征得有关单位的同意。开断低压线路应遵守停电作业的有关规定。开断时应有防止电杆倾倒的措施。

10.2.3 放线滑车使用前应进行外观检查。带有开门装置的放线滑车，应有关门保险。

10.2.4 线盘架应稳固，转动灵活，制动可靠。必要时打上临时拉线固定。

10.2.5 穿越滑车的引绳应根据导、地线的规格选用。引绳与线头的连接应牢固。穿越时，作业人员不得站在导线、地线的垂直下方。

10.2.6 线盘或线圈展放处，应设专人传递信号。

10.2.7 作业人员不得站在线圈内操作。线盘或线圈接近放完时，应减慢牵引速度。

10.2.8 架线时，除应在杆塔处设监护人外，对被跨越的房屋、路口、河塘、裸露岩石及跨越架和人畜较多处均应派专人监护。

10.2.9 导线、地线（光缆）被障碍物卡住时，作业人员应站在线弯的外侧，并应使用工具处理，不得直接用手推拉。

10.2.10 人力放线应遵守下列规定：

a） 领线人应由技工担任，并随时注意前后信号。拉线人员应走在同一直线上，相互间保持适当距离。

b） 通过河流或沟渠时，应由船只或绳索引渡。

c） 通过陡坡时，应防止滚石伤人。遇悬崖险坡应采取先放引绳或设扶绳等措施。

d） 通过竹林区时，应防止竹桩或树桩尖扎脚。

10.2.11 机械牵引放线应遵守下列规定：

a） 人力展放导引绳或牵引绳应遵守本规程 10.2.10 的有关规定。

b） 导引绳或牵引绳的连接应用专用连接工具。牵引绳与导线、地线（光缆）连接应使用专用连接网套或专用牵引头。

10.2.12 拖拉机直接牵引放线应遵守下列规定：

a）途经的桥梁、涵洞应事先进行检查与鉴定，不得冒险强行。

b）行驶速度不得过快，驾驶员应随时注意指挥信号。

c）行驶中作业人员不得爬车、跳车或检修部件。挂钩上不得站人。

d）爬坡时拖拉机后面不得有人。

e）不得沿沟边、横坡等险要地形行驶。

10.3 张力放线

10.3.1 使用牵引机和张力机时应遵守下列规定：

a）操作人员应严格依照使用说明书要求进行各项功能操作，禁止超速、超载、超温、超压或带故障运行。

b）使用前应对设备的布置、锚固、接地装置以及机械系统进行全面的检查，并做运转试验。

c）牵引机、张力机进出口与邻塔悬挂点的高差及与线路中心线的夹角应满足设备的技术要求。

d）牵引机牵引卷筒槽底直径不得小于被牵引钢丝绳直径的25倍；对于使用频率较高的钢丝绳卷筒应定期检查槽底磨损状态，及时维修。

10.3.2 使用放线滑车应遵守下列规定：

a）放线滑车允许荷载应满足放线的强度要求，安全系数不得小于3。

b）放线滑车悬挂应根据计算对导引绳、牵引绳的上扬严重程度，选择悬挂方法及挂具规格。

c）转角塔（包括直线转角塔）的预倾滑车及上扬处的压线滑车应设专人监护。

10.3.3 使用导线、地线连接网套时应遵守下列规定：

a） 导线、地线连接网套的使用应与所夹持的导线、地线规格相匹配。

b） 导线、地线穿入网套应到位。网套夹持导线、地线的长度不得少于导线、地线直径的 30 倍。

c） 网套末端应用铁丝绑扎，绑扎不得少于 20 圈。

d） 导线、地线连接网套每次使用前，应逐一检查，发现有断丝者不得使用。

e） 较大截面的导线穿入网套前，其端头应做坡面梯节处理；施工过程中需要导线对接时宜使用双头网套。

10.3.4 使用卡线器时应遵守下列规定：

a） 卡线器的使用应与所夹持的线（绳）规格相匹配。

b） 卡线器有裂纹、弯曲、转轴不灵活或钳口斜纹磨平等缺陷的禁止使用。

10.3.5 使用抗弯连接器时应遵守下列规定：

a） 抗弯连接器表面应平滑，与连接的绳套相匹配。

b） 抗弯连接器有裂纹、变形、磨损严重或连接件拆卸不灵活时禁止使用。

10.3.6 使用旋转连接器时应遵守下列规定：

a） 旋转连接器使用前，检查外观应完好无损，转动灵活无卡阻现象。禁止超负荷使用。

b） 发现有裂纹、变形、磨损严重或连接件拆卸不灵活时禁止使用。

c） 旋转连接器的横销应拧紧到位。与钢丝绳或网套连接时应安装滚轮并拧紧横销。

d） 旋转连接器不应直接进入牵引轮或卷筒。

e） 旋转连接器不宜长期挂在线路中。

10.3.7 牵引场转向布设时应遵守下列规定：

a） 使用专用的转向滑车，锚固应可靠。

b） 各转向滑车的荷载应均衡，不得超过允许承载力。

c） 牵引过程中，各转向滑车围成的区域内侧禁止有人。

10.3.8 吊挂绝缘子串前，应检查绝缘子串弹簧销是否齐全、到位。吊挂绝缘子串或放线滑车时，吊件的垂直下方不得有人。

10.3.9 导引绳、牵引绳的安全系数不得小于 3。特殊跨越架线的导引绳、牵引绳安全系数不得小于 3.5。

10.3.10 导引绳、牵引绳的端头连接部位在使用前应由专人检查，有钢丝绳损伤等情况不得使用。

10.3.11 展放的绳、线不应从带电线路下方穿过，若必须从带电线路下方穿过时，应制定专项安全技术措施并设专人监护。

10.3.12 飞行器展放初级导引绳应遵守下列规定：

a） 展放导引绳前应对飞行器进行试运行至规定时间后，检查各部运行状态是否良好。

b） 采用无线信号传输操作的飞行器，信号传输距离应满足飞行距离要求。

c） 飞行器应在满足飞行的气象条件下飞行。

d） 飞行器的起降场地应满足设备使用说明书规定。

e） 初级导引绳为钢丝绳时安全系数不得小于 3；为纤维绳时安全系数不得小于 5。

10.3.13 张力放线前由专人检查下列工作：

a） 牵引设备及张力设备的锚固应可靠，接地应良好。

b） 牵张段内的跨越架结构应牢固、可靠。

c） 通信联络点不得缺岗，通信应畅通。

d） 转角杆塔放线滑车的预倾措施和导线上扬处的压线措施应可靠。

e） 交叉、平行或邻近带电体的放线区段接地措施应符合施工作业指导书的安全规定。

10.3.14 张力放线应具有可靠的通信系统。牵引场、张力场应设专人指挥。

10.3.15 牵引过程中，牵引绳进入的主牵引机高速转向滑车与钢丝绳卷车的内角侧禁止有人。

10.3.16 牵引时接到任何岗位的停车信号均应立即停止牵引，停止牵引时应先停牵引机，再停张力机。恢复牵引时应先开张力机，再开牵引机。

10.3.17 牵引过程中，牵引机、张力机进出口前方不得有人通过。

10.3.18 牵引过程中发生导引绳、牵引绳或导线跳槽、走板翻转或平衡锤搭在导线上等情况时，应停机处理。

10.3.19 导线的尾线或牵引绳的尾绳在线盘或绳盘上的盘绕圈数均不得少于 6 圈。

10.3.20 导线或牵引绳带张力过夜应采取临锚安全措施。

10.3.21 导引绳、牵引绳或导线临锚时，其临锚张力不得小于对地距离为 5m 时的张力，同时应满足对被跨越物距离的要求。

10.4 压　　接

10.4.1 钳压机压接应遵守下列规定：

a） 手动钳压器应有固定设施，操作时平稳放置，两侧扶线人应对准位置，手指不得伸入压模内。

b） 切割导线时线头应扎牢，并防止线头回弹伤人。

10.4.2 液压机压接除应遵守 DL/T 5285《输变电工程架空导线及地线液压压接工艺工程》的有关规定外，还应符合下列规定：

a） 使用前检查液压钳体与顶盖的接触口，液压钳体有裂纹者不得使用。

b） 液压机起动后先空载运行，检查各部位运行情况，正常后方可使用。压接钳活塞起落时，人体不得位于压接钳上方。

c） 放入顶盖时，应使顶盖与钳体完全吻合，不得在未旋转到位的状态下压接。

d） 液压泵操作人员应与压接钳操作人员密切配合，并注意压力指示，不得过荷载。

e） 液压泵的安全溢流阀不得随意调整，且不得用溢流阀卸荷。

10.4.3 高空压接应遵守以下规定：

a） 压接前应检查起吊液压机的绳索和起吊滑轮完好，位置设置合理，方便操作。

b） 液压机升空后应做好悬吊措施，起吊绳索作为二道保险。

c） 高空人员压接工器具及材料应做好防坠落措施。

d） 导线应有防跑线措施。

10.5 导线、地线升空

10.5.1 导线、地线升空作业应与紧线作业密切配合并逐根进行，导线、地线的线弯内角侧不得有人。

10.5.2 升空作业应使用压线装置，禁止直接用人力压线。

10.5.3 压线滑车应设控制绳，压线钢丝绳回松应缓慢。

10.5.4 升空场地在山沟时，升空的钢丝绳应有足够长度。

10.6 紧　　线

10.6.1 紧线的准备工作应遵守下列规定：

a） 杆塔的部件应齐全，螺栓应紧固。

b） 紧线杆塔的临时拉线和补强措施以及导线、地线的临锚应准备完毕。

10.6.2 牵引地锚距紧线杆塔的水平距离应满足安全施工要求。地锚布置与受力方向一致，并埋设可靠。

10.6.3 紧线前应具备下列条件：

a） 紧线档内的通信应畅通。

b） 埋入地下或临时绑扎的导线、地线应挖出或解开，并压接升空。

c） 障碍物以及导线、地线跳槽等应处理完毕。

d） 分裂导线不得相互绞扭。

e） 各交叉跨越处的安全措施可靠。

f） 冬季施工时，导线、地线被冻结处应处理完毕。

10.6.4 紧线过程中监护人员应遵守下列规定：

a） 不得站在悬空导线、地线的垂直下方。

b） 不得跨越将离地面的导线或地线。

c） 监视行人不得靠近牵引中的导线或地线。

d） 传递信号应及时、清晰，不得擅自离岗。

10.6.5 展放余线的人员不得站在线圈内或线弯的内角侧。

10.6.6 导线、地线应使用卡线器或其他专用工具，其规格应与线材规格匹配，不得代用。

10.6.7 耐张线夹安装应遵守下列规定：

a） 高处安装螺栓式线夹时，应将螺栓装齐拧紧后方可回松牵引绳。

b） 高处安装耐张线夹时，应采取防止跑线的可靠措施。

c） 在杆塔上割断的线头应用绳索放下。

d） 地面安装耐张线夹时，导线、地线的锚固应可靠。

10.6.8 挂线时，当连接金具接近挂线点时应停止牵引，然后作业人员方可从安全位置到挂线点操作。

10.6.9 挂线后应缓慢回松牵引绳，在调整拉线的同时应观察耐张金具串和杆塔的受力变形情况。

10.6.10 分裂导线的锚线作业应遵守下列规定：

a） 导线在完成地面临锚后应及时在操作塔设置过轮临锚。

b） 导线地面临锚和过轮临锚的设置应相互独立，工器具应满足各自能承受全部紧线张力的要求。

10.7 附 件 安 装

10.7.1 附件安装前，作业人员应对专用工具和安全用具进行外观检查，不符合要求者不得使用。

10.7.2 相邻杆塔不得同时在同相（极）位安装附件，作业点垂直下方不得有人。

10.7.3 提线工器具应挂在横担的施工孔上提升导线；无施工孔时，承力点位置应满足受力计算要求，并在绑扎处衬垫软物。

10.7.4 附件安装时，安全绳或速差自控器应拴在横担主材上。安装间隔棒时，安全带应挂在一根子导线上，后备保护绳应拴在整相导线上。

10.7.5 在跨越电力线、铁路、公路或通航河流等的线段杆塔上安装附件时，应采取防止导线或地线坠落的措施。

10.7.6 在带电线路上方的导线上测量间隔棒距离时，应使用干燥的绝缘绳，禁止使用带有金属丝的测绳、皮尺。

10.7.7 拆除多轮放线滑车时，不得直接用人力松放。

10.7.8 使用飞车应遵守下列规定：

a）携带重量及行驶速度不得超过飞车铭牌规定。

b）每次使用前应进行检查，飞车的前后活门应关闭牢靠，刹车装置应灵活可靠。

c）行驶中遇有接续管时应减速。

d）安装间隔棒时，前后轮应卡死（刹牢）。

e）随车携带的工具和材料应绑扎牢固。

f）导线上有冰霜时应停止使用。

g）飞车越过带电线路时，飞车最下端（包括携带的工具、材料）与电力线的最小安全距离应在表 24 的安全距离基础上加 1m，并设专人监护。

10.8 平 衡 挂 线

10.8.1 平衡挂线时，不得在同一相邻耐张段的同相（极）导线上进行其他作业。

10.8.2 待割的导线应在断线点两端事先用绳索绑牢，割断后应通过滑车将导线松落至地面。

10.8.3 高处断线时，作业人员不得站在放线滑车上操作。割断最后一根导线时，应注意防止滑车失稳晃动。

10.8.4 割断后的导线应在当天挂接完毕，不得在高处临锚过夜。

10.8.5 高空锚线应有二道保护措施。

10.9 导线、地线更换施工

10.9.1 宜以耐张段划分换线施工段。如换线施工段包括多个耐张段时，应制定特殊施工方案，确保耐张线夹安全通过放线滑车。

10.9.2 换线施工前，应将导线、地线充分放电后方可作业。

10.9.3 导线高空锚线应有二道保护。

10.9.4 原导线接续管应安装接续管保护套方可通过放线滑车。

10.9.5 带电更换架空地线或架设耦合地线时，应通过金属滑车可靠接地。

10.9.6 拆除旧导线、地线应遵守下列规定：

a） 禁止带张力断线。

b） 松线杆塔做好临时锚固措施。

c） 旧线拆除时，采用控制绳控制线尾，防止线尾卡住。

10.9.7 以旧线牵引新线换线应遵守下列规定：

a） 注意旧线缺陷，必要时采取加固措施。

b） 新旧导线连接可靠，并能顺利通过滑轮。

c） 采用以旧线带新线的方式施工，应检查确认旧导线完好牢固；若放线通道中有带电线路和带电设备，应与之保持安全距离，无法保证安全距离时应采取搭设跨越架等措施或停电。

d） 牵引过程中应安排专人跟踪新旧导线连接点，发现问题立即通知停止牵引。

10.10 预 防 电 击

10.10.1 为预防雷电以及临近高压电力线作业时的感应电，应按本规程要求装设接地线。

10.10.2 接地线应满足以下要求：

a） 工作接地线应用多股软铜线，截面积不得小于 25mm^2，接地线应有透明外护层，护层厚度大于 1mm。

b） 保安接地线仅作为预防感应电使用，不得以此代替工作接地线。保安接地线应使用截面积不小于 16mm^2 的多股软铜线。

c） 接地线有绞线断股、护套严重破损以及夹具断裂松动等缺陷时禁止使用。

10.10.3 装设接地装置应遵守下列规定：

a） 接地线不得用缠绕法连接，应使用专用夹具，连接应可靠。

b） 接地棒应镀锌，直径应不小于 12mm，插入地下的深度应大于 0.6m。

c） 装设接地线时，应先接接地端，后接导线或地线端，拆除时的顺序相反。

d） 挂接地线或拆接地线时应设监护人。操作人员应使用绝缘棒（绳）、戴绝缘手套，并穿绝缘鞋。

10.10.4 张力放线时的接地应遵守下列规定：

a） 架线前，放线施工段内的杆塔应与接地装置连接，并确认接地装置符合设计要求。

b） 牵引设备和张力设备应可靠接地。操作人员应站在干燥的绝缘垫上且不得与未站在绝缘垫上的人员接触。

c） 牵引机及张力机出线端的牵引绳及导线上应安装接地滑车。

d） 跨越不停电线路时，跨越档两端的导线应接地。

e） 应根据平行电力线路情况，采取专项接地措施。

10.10.5 紧线时的接地应遵守下列规定：

a） 紧线段内的接地装置应完整并接触良好。

b） 耐张塔挂线前，应用导体将耐张绝缘子串短接，并在作业后及时拆除。

10.10.6 附件安装时的接地应遵守下列规定：

a） 附件安装作业区间两端应装设接地线。施工的线路上有高压感应电时，应在作业点两侧加装工作接地线。

b） 作业人员应在装设个人保安接地线后，方可进行附件安装。

c） 地线附件安装前，应采取接地措施。

d） 附件（包括跳线）全部安装完毕后，应保留部分接地线并做好记录，竣工验收后方可拆除。

e） 在 330kV 及以上电压等级的运行区域作业，应采取防静电感应措施。例如穿戴相应电压等级的全套屏蔽服（包括帽、上衣、裤子、手套、鞋等，下同）或静电感应防护服和导电鞋等（220kV 线路杆塔上作业时宜穿导电鞋）。

f） 在±400kV 及以上电压等级的直流线路单极停电侧进行作业时，应穿着全套屏蔽服。

11　停电、不停电作业

11.1　一　般　规　定

11.1.1　在停电、部分停电或不停电线路上的作业及邻近、交叉带电线路处作业，应严格执行 Q/GDW 1799.2—2013《国家电网公司电力安全工作规程　线路部分》的相关规定，并填写工作票。

11.1.2　工作票负责人和工作票签发人资格应经培训合格，并经线路运维单位审核备案。

11.1.3　下列情况应填用电力线路第一种工作票：

a）　在停电的线路或同杆（塔）架设多回线路中的部分停电线路上的工作。

b）　高压电力电缆需要停电的工作。

c）　在直流线路停电时的工作。

d）　在直流接地极线路或接地极上的工作。

11.1.4　下列情况应填用电力线路第二种工作票：

a）　带电线路杆塔上且与带电导线最小安全距离不小于表 23 规定的工作。

b）　电力线路、电缆不需要停电的工作。

c）　直流线路上不需要停电的工作。

d）　直流接地极线路上不需要停电的工作。

11.1.5　邻近带电体作业时，人体与带电体之间的最小安全距离应符合表 23 的规定。

表 23　在带电线路杆塔上作业与带电导线最小安全距离

电压等级 kV	安全距离 m	电压等级 kV	安全距离 m
交流			
10 及以下	0.7	330	4.0
20、35	1.0	500	5.0
66、110	1.5	750	8.0
220	3.0	1000	9.5
直流			
±400	7.2	±660	9.0
±500	6.8	±800	10.1

注：±400kV 数据按海拔 3000m 校正；750kV 数据按海拔 2000m 校正；其他电压等级数据按海拔 1000m 校正。

11.1.6　在邻近或交叉其他带电电力线处作业时，有可能接近带电导线至表 24 所示安全距离以内时，应做到以下要求：

a）采取有效措施，使人体、导线、工器具等与带电导线符合表 24 所示安全距离规定，起重机及吊件、牵引绳索和拉绳与带电导线符合表 19 所示安全距离规定。

b）作业的导线、地线应在作业地点接地。绞磨等牵引工具应接地。

表 24　邻近或交叉其他电力线作业的安全距离

电压等级 kV	安全距离 m	电压等级 kV	安全距离 m
交流			
10 及以下	1.0	330	5.0
20、35	2.5	500	6.0
66、110	3.0	750	9.0
220	4.0	1000	10.5
直流			
±400	8.2	±660	10.0
±500	7.8	±800	11.1

注：±400kV 数据按海拔 3000m 校正；750kV 数据按海拔 2000m 校正；其他电压等级数据按海拔 1000m 校正。

11.1.7 邻近带电体作业时，上下传递物件应用绝缘绳索，作业全过程应设专人监护。

11.1.8 跨越施工前应按线路施工图中交叉跨越点断面图，对跨越点交叉角度、被跨越不停电电力线路架空地线在交叉点的对地高度、下导线在交叉点的对地高度、导线边线间宽度、地形等情况进行复测。

11.1.9 复测跨越点断面图时，应考虑复测季节与施工季节环境温度的变化。

11.1.10 跨越档相邻两侧杆塔上的放线滑车、牵张设备、机动绞磨等均应采取接地保护措施。跨越施工前，接地装置应安装完毕且与杆塔可靠连接。

11.1.11 起重工具和临时地锚应根据其重要程度将安全系数提高20%～40%。

11.1.12 绝缘安全工具应定期进行绝缘试验，试验周期应符合附录 D 的表 D.2 和表 D.3 的要求。

11.1.13 绝缘绳、网每次使用前，应进行检查，有严重磨损、断股、污秽及受潮时禁止使用。

11.1.14 绝缘工具的有效长度不得小于附录 D 的表 D.1 的规定。

11.1.15 绝缘绳、网在现场应按规格、类别及用途整齐摆放，并采取有效的防潮、防水措施。

11.2 不停电跨越作业

11.2.1 跨越不停电电力线路施工，应按 Q/GDW 1799.2—2013《国家电网公司电力安全工作规程 线路部分》规定的“电力线路第二种工作票”制度执行。

11.2.2 跨越不停电电力线路，在架线施工前，施工单位应向运维单位书面申请该带电线路“退出重合闸”，许可后方可进行不停电跨越施工。施工期间发生故障跳闸时，在未取得现场指挥同意前，不得强行送电。

11.2.3 不停电跨越架线的放线区段应尽量减少线档数量，牵引系统设备应经全面检查，确保完好。

11.2.4 架线前对导引绳、牵引绳及承力工器具应进行逐盘（件）检查，不合格的工器具禁止使用。

11.2.5 架线过程中，不停电跨越位置处、跨越档两端铁塔应设专人监护，监护人应配备通信工具，且应保持与现场指挥人的联系畅通。

11.2.6 跨越不停电线路时，禁止作业人员在跨越架内侧攀登、作业，禁止从封顶架上通过。

11.2.7 导线、地线、钢丝绳等通过跨越架时，应用绝缘绳作引渡。引渡或牵引过程中，跨越架上不得有人。

11.2.8 跨越档两端铁塔上的放线滑轮均应采取接地保护措施，放线前所有铁塔接地装置应安装完毕并接地可靠。人力牵引跨越放线时，跨越档相邻两侧的施工导线、地线应接地。

11.2.9 跨越不停电线路架线施工应在良好天气下进行，遇雷电、雨、雪、霜、雾，相对湿度大于85%或5级以上大风天气时，应停止作业。如施工中遇到上述情况，则应将已展放好的网、绳加以安全保护。

11.2.10 在跨越电气化铁路和10kV及以上电力线的跨越架上使用绝缘绳、绝缘网封顶时，应满足下列规定：

a）绝缘绳、网与被跨电力线路导线、地线的最小垂直距离在事故状态下，不得小于表25的规定。在雨季施工时应考虑绝缘网受潮后弛度的增加。

b）在多雨季节和空气潮湿情况下，应在封网用承力绳与架体连接处采取分流调节保护措施。

c）跨越架架面（含拉线）距被跨电力线路导线之间的最小安全距离在考虑施工期间的最大风偏后不得小于表25的规定。

表 25　跨越架与带电力线路导线、地线的最小安全距离

跨越架部位	被跨越电力线电压等级 kV					
	≤10	35	66～110	220	330	500
架面（含拉线）与导线的水平距离 m	1.5	1.5	2.0	2.5	5.0	6.0
无地线时，封顶网（杆）与导线的垂直距离 m	1.5	1.5	2.0	2.5	4.0	5.0
有地线时，封顶网（杆）与地线的垂直距离 m	0.5	0.5	1.0	1.5	2.6	3.6

11.2.11　跨越电气化铁路时，跨越架与接触网的最小安全距离，应满足 35kV 电压等级的有关规定。

11.2.12　跨越架上最后通过的导线、地线、引绳或封网绳等，应留有绝缘绳做控制尾绳，防止滑落至带电体上。

11.2.13　跨越施工完毕后，应尽快将带电线路上方的绳、网拆除并回收。

11.2.14　跨越档两端铁塔的附件安装应进行二道防护，即采用包胶钢丝绳将导线圈住并挂于横担上。

11.2.15　架线附件安装时，作业区间两端应装设保安接地线。施工线路有高压感应电时，应在作业点两侧加装接地线。地线有放电间隙的情况下，地线附件安装前应采取接地措施。

11.3　停电跨越作业

11.3.1　停电作业前，施工单位应根据停电作业内容按照 Q/GDW 1799.2—2013《国家电网公司电力安全工作规程　线路部分》执行现场勘察制度。根据现场勘察的结果，制定停电作业跨越施工方案。

11.3.2 施工单位应向运维单位提交书面停电申请和跨越施工方案。经运维单位审查同意后，应由所在运维单位按Q/GDW 1799.2—2013《国家电网公司电力安全工作规程　线路部分》规定签发电力线路第一种工作票，并履行工作许可手续。

11.3.3 工作票由设备运维单位签发，也可由设备运维单位和施工单位签发人实行双签发，具体签发程序按照安全协议要求执行。

11.3.4 现场作业负责人在接到已停电许可作业命令后，应首先安排人员进行验电。验电应使用相应电压等级的合格的验电器。验电时应戴绝缘手套并逐相进行。验电应设专人监护。同杆塔架设有多层电力线时，应先验低压、后验高压、先验下层、后验上层。

11.3.5 挂拆工作接地线应遵守下列规定：

a） 验明线路确无电压后，作业人员应按照工作票上接地线布置的要求，立即挂工作接地线。凡有可能送电到作业地段内线路的分支线也应挂工作接地线。

b） 同杆塔架设有多层电力线时，应先挂低压、后挂高压、先挂下层、后挂上层。工作接地线挂完后，应经现场作业负责人检查确认后方可开始作业。

c） 若有感应电压反映在停电线路上时，应在作业范围内加挂工作接地线。在拆除工作接地线时，应防止感应电触电。

d） 在绝缘架空地线上作业时，应先将该架空地线接地。

e） 挂工作接地线时，应先接接地端，后接导线或地线端。接地线连接应可靠，不得缠绕。拆除时的顺序与此相反。

f） 装、拆工作接地线时，作业人员应使用绝缘棒或绝缘绳，人体不得碰触接地线。

11.3.6 作业间断或过夜时，作业段内的全部工作接地线应保留。恢复作业前，应检查接地线是否完整、可靠。

11.3.7 作业结束，作业负责人应对现场进行全面检查，待全部作业人员和所用的工具、材料撤离杆塔后方可命令拆除停电线路上的工作接地线。

11.3.8 作业结束后，作业负责人应报告工作许可人，报告的内容如下：作业负责人姓名，该线路上某处（说明起止杆塔号、分支线名称等）作业已经完工，线路改动情况，作业地点所挂的工作接地线已全部拆除，杆塔和线路上已无遗留物，作业人员已全部撤离。

11.3.9 停电、送电作业应指定专人负责。禁止采用口头或约时停电、送电。

11.3.10 在未接到停电许可作业命令前，禁止任何人接近带电体。

11.3.11 工作接地线一经拆除，该线路即视为带电，禁止任何人再登杆塔进行任何作业。

12 电 缆 线 路

12.1 一 般 规 定

12.1.1 开启工井井盖、电缆沟盖板及电缆隧道人孔盖时应使用专用工具，同时注意所立位置，以免滑脱后伤人。工井作业时，禁止只打开一只井盖（单眼井除外）。开启井盖后，井口应设置井圈，设专人监护，作业人员全部撤离后，应立即将井盖盖好，以免行人摔跌或不慎跌入井内。

12.1.2 电缆隧道应有充足的照明，并有防水、防火、通风措施。进入电缆井、电缆隧道前，应先通风排除浊气，并用仪器检测，合格后方可进入。

12.1.3 在潮湿的工井内使用电气设备时，操作人员应穿绝缘靴。

12.1.4 工井、电缆沟作业前，施工区域应设置标准路栏，夜间施工应使用警示灯。无盖板的电缆沟、沟槽、孔洞，以及放置在人行道或车道上的电缆盘，应设遮栏和相应的交通安全标志，夜间设警示灯。

12.1.5 作业前应详细核对电缆标志牌的名称与作业票所填写的相符，并按照作业票所注明的线路名称，对其两端设备状态进行检查，安全措施可靠后，方可作业。

12.1.6 涉及运行电缆的改扩建工程，停电作业应填用电力电缆第一种工作票，不停电作业应填用电力电缆第二种工作票。

12.1.7 填用电力电缆第一种工作票的工作应经调控人员许可。填用电力电缆第二种工作票的工作可不经调控人员许可。若进入变、配电站、发电厂工作，都应经运维人员许可。

12.1.8 已建工井、排管改建作业应编制相关改建方案并经运维单位备案。改建施工时，使用电缆保护管对运行电缆进行保护，将运行电缆平移到临时支架上并做好固定措施，面层用阻燃布覆盖，施工部位和运行电缆做好安全隔离措施，确保人身和设备安全。

12.2 电缆敷设施工

12.2.1 电缆盘运输前应做好电缆盘的检查工作，确保电缆盘和电缆端头完好方可进行运输。

12.2.2 应根据电缆盘的规格、材质、结构等情况选择合适的吊装方式，并在吊装施工时做好相关的安全措施。

12.2.3 在搬运及滚动电缆盘时，应确保电缆盘结构牢固，滚动时方向正确。使用符合安全要求的工器具进行电缆盘转角度移动。

12.2.4 架空电缆、竖井作业现场应设置围栏，对外悬挂安全标志。工具材料上下传递所用绳索应牢靠，吊物下方不得有人逗留。使用三脚架时，钢丝绳不得磨蹭其他井下设施。

12.2.5 施工单位应派专人指挥电缆敷设施工，落实现场安全措施，确保现场通信联络畅通，确保作业人员人身安全。

12.2.6 电缆盘、输送机、电缆转弯处应按规定搭建牢固的放线架并放置稳妥，并设专人监护。电缆盘钢轴的强度和长度应与电缆盘重量和宽度相匹配，敷设电缆的机具应检查并调试正常。

12.2.7 用输送机敷设电缆时，所有敷设设备应固定牢固。作业人员应遵守有关操作规程，并站在安全位置，发生故障应停电处理。

12.2.8 用滑轮敷设电缆时，作业人员应站在滑轮前进方向，不得在滑轮滚动时用手搬动滑轮。

12.2.9 电缆展放敷设过程中，转弯处应设专人监护。转弯和进洞口前，应放慢牵引速度，调整电缆的展放形态，当发生异常情况时，应立即停止牵引，经处理后方可继续作业。电缆通过孔洞或楼板时，两侧应设监护人，入口处应采取措施防止电缆被卡，不得伸手，防止被带入孔中。

12.2.10 水底电缆施工应制定专门的施工方案、通航方案，并执行相应的安全措施。

12.2.11 电缆敷设时，应在电缆盘处配有可靠的制动装置，应防止电缆敷设速度过快及电缆盘倾斜、偏移。

12.2.12 人工展放电缆、穿孔或穿导管时，作业人员手握电缆的位置应与孔口保持适当距离。

12.2.13 用机械牵引电缆时，牵引绳的安全系数不得小于 3。作业人员不得站在牵引钢丝绳内角侧。

12.2.14 在进行高落差电缆敷设施工时，应进行相关验算，采取必要的措施防止电缆坠落。

12.2.15 进入带电区域内敷设电缆时，应取得运维单位同意，办理工作票，设专人监护。

12.2.16 电缆穿入带电的盘柜前，电缆端头应做绝缘包扎处理，电缆穿入时盘上应有专人接引，严防电缆触及带电部位及运行设备。

12.2.17 使用桥架敷设电缆前，桥架应经验收合格。高空桥架宜使用钢质材料，并设置围栏，铺设操作平台。高空敷设电缆时，若无展放通道，应沿桥架搭设专用脚手架，并在桥架下方采取隔离防护措施。若桥架下方有工业管道等设备，应经设备方确认许可。

12.2.18 电缆施工完成后应将穿越过的孔洞进行封堵。

12.3 电 缆 接 头 施 工

12.3.1 进行充油电缆接头安装时，应做好充油电缆接头附件及油压力箱的存放作业，并配备必要的消防器材。

12.3.2 在电缆终端施工区域下方应设置围栏或采取其他保护措施，禁止无关人员在作业地点下方通行或逗留。

12.3.3 进行电缆终端瓷质绝缘子吊装时，应采取可靠的绑扎方式，防止瓷质绝缘子倾斜，并在吊装过程中做好相关的安全措施。

12.3.4 制作环氧树脂电缆头和调配环氧树脂作业过程中，应采取有效的防毒和防火措施。

12.3.5 开断电缆前，应与电缆走向图图纸核对相符，并使用专用仪器（如感应法）确切证实电缆无电后，用接地的带绝缘柄的铁钎钉入电缆芯后，方可作业。扶绝缘柄的人员应戴绝缘手套并站在绝缘垫上，并采取防灼伤措施（如戴防护面具等）。使用远控电缆割刀开断电缆时，刀头应可靠接地，周边其他作业人员应临时撤离，远控操作人员应与刀头保持足够的安全距离，防止弧光和跨步电压伤人。

12.3.6 工井内进行电缆中间接头安装时，应将压力容器摆放在井口位置，禁止放置在工井内。隧道内进行电缆中间接头安装时，压力容器应远离明火作业区域，并采取相关安全措施。

12.3.7 对施工区域内临近的运行电缆和接头，应采取妥善的安全防护措施加以保护，避免影响正常的施工作业。

12.3.8 使用携带型火炉或喷灯时，火焰与带电部分的安全距离：电压在 10kV 及以下者，应大于 1.5m；电压在 10kV 以上者，应大于 3m。不得在带电导线、带电设备、变压器、油断路器附近以及在电缆夹层、隧道、沟洞内对火炉或喷灯加油、点火。在电缆沟盖板上或旁边进行动火工作时需采取必要的防火措施。

12.4 电　缆　试　验

12.4.1 电缆耐压试验前，应对设备充分放电，并测量绝缘电阻。加压端应做好安全措施，防止人员误入试验场所。另一端应设置围栏并挂上警告标志牌。如另一端在杆上或电缆开断处，应派人看守。试验区域、被试系统的危险部位或端头应设临时遮栏，悬挂“止步，高压危险！”标志牌。

12.4.2 被试电缆两端及试验操作应设专人监护，并保持通信畅通。

12.4.3 连接试验引线时，应做好防风措施，保证与带电体有足够的安全距离。试验引线的安全距离应符合表 13 要求。更换试验引线时，应先对设备充分放电。

12.4.4 电缆试验过程中，作业人员应戴好绝缘手套并穿绝缘靴或站在绝缘垫上。

12.4.5 电缆耐压试验分相进行时，另外两相应可靠接地。

12.4.6 电缆试验过程中发生异常情况时，应立即断开电源，经放电、接地后方可检查。

12.4.7 电缆试验结束，应对被试电缆进行充分放电，并在被试电缆上加装临时接地线，待电缆尾线接通后方可拆除。

12.4.8 电缆故障声测定点时，禁止直接用手触摸电缆外皮或冒烟小洞，以免触电。

12.4.9 遇有雷雨及六级以上大风时应停止高压试验。

附　录　A
（资料性附录）
现 场 勘 察 记 录

（1）勘察单位：

（2）勘察负责人：

（3）勘查人员：

（4）勘察的线路或设备的名称（多回应注明称号及方位）：

（5）作业项目：

（6）作业地点：

（7）作业内容：

（8）现场勘察内容：

1. 需要停电的设备：
2. 交叉跨越的部分：
3. 作业现场的条件、环境及其他危险点：
4. 固有风险评估等级：

附　录　B

（资料性附录）

输变电工程安全施工作业票 A

输变电工程安全施工作业票 A

工程名称：　　　　　　　　　　　　　　　　　　　　编号：

施工班组（队）		工程阶段	
作业内容（可多项）		作业部位（可多地点）	
执行方案名称		动态风险等级	
施工人数		计划开始时间	
实际开始时间		实际结束时间	
主要风险			
作业负责人		专责监护人（多地点作业应分别设监护人）	
具体分工（含特殊工种作业人员）：			
其他作业人员：			

续表

作业必备条件及班前会检查		
	是	否
1. 作业人员着装是否规范、精神状态是否良好	□	□
2. 特种作业人员是否持证上岗	□	□
3. 施工机械、设备是否有合格证并经检测合格	□	□
4. 工器具是否经准入检查，是否完好，是否经检查合格有效	□	□
5. 是否配备个人安全防护用品，是否齐全、完好	□	□
6. 安全设施是否符合要求，是否齐全、完好	□	□
7. 作业人员是否参加过本工程技术安全措施交底	□	□
8. 作业人员对作业分工是否清楚	□	□
9. 各作业岗位人员对施工中可能存在的风险及预控措施是否明白	□	□
作业过程预控措施及落实		
	是	否
1.	□	□
2.	□	□
3.	□	□
4.	□	□
5.	□	□
现场变化情况及补充安全措施		
作业人员签名		

续表

编制人 （作业负责人）		审核人 （安全、技术）	
签发人 （施工队长）			
签发日期			
备注			
注：风险等级升级为三级及以上时，需办理输变电工程安全施工作业票 B。			

附　录　C
（资料性附录）
输变电工程安全施工作业票 B

输变电工程安全施工作业票 B

工程名称：　　　　　　　　　　　　　　　　编号：

施工班组（队）		工程阶段	
作业内容 （可多项）		作业部位 （可多地点）	
执行方案名称		动态风险等级	
施工人数		计划开始时间	
实际开始时间		实际结束时间	
主要风险			
作业负责人		专责监护人 （多地点作业应分别设监护人）	
具体分工（含特殊工种作业人员）：			
其他作业人员：			

续表

<table>
<tr><td colspan="4">作业必备条件及班前会检查</td></tr>
<tr><td colspan="4">是　否
1. 作业人员着装是否规范、精神状态是否良好　□　□
2. 特种作业人员是否持证上岗　□　□
3. 施工机械、设备是否有合格证并经检测合格　□　□
4. 工器具是否经准入检查，是否完好，是否经检查合格有效　□　□
5. 是否配备个人安全防护用品，是否齐全、完好　□　□
6. 安全设施是否符合要求，是否齐全、完好　□　□
7. 作业人员是否参加过本工程技术安全措施交底　□　□
8. 作业人员对作业分工是否清楚　□　□
9. 各作业岗位人员对施工中可能存在的风险及预控措施是否明白　□　□</td></tr>
<tr><td colspan="4">具体控制措施见所附风险控制卡</td></tr>
<tr><td colspan="4">作业人员签名：</td></tr>
<tr><td>编制人
（作业负责人）</td><td></td><td>审核人
（安全、技术）</td><td></td></tr>
<tr><td>签发人
（施工项目部经理）</td><td colspan="3"></td></tr>
<tr><td>签发日期</td><td colspan="3"></td></tr>
<tr><td>监理人员
（三级及以上风险）</td><td></td><td>业主项目部经理
（四级及以上风险）</td><td></td></tr>
<tr><td>备注</td><td colspan="3"></td></tr>
</table>

附　录　D
（规范性附录）
各类安全工器具数据

各类安全工器具数据见表 D.1～表 D.4。

表 D.1　绝缘安全工器具最小有效绝缘长度

<table>
<tr><th rowspan="2">名称</th><th rowspan="2">额定电压
kV</th><th rowspan="2">最短有效
绝缘长度
m</th><th colspan="2">固定部分长度
m</th><th rowspan="2">支杆活动
部分长度
m</th></tr>
<tr><th>支杆</th><th>拉（吊）杆</th></tr>
<tr><td rowspan="12">绝缘支、拉、吊杆</td><td>10</td><td>0.40</td><td>0.60</td><td>0.20</td><td>0.50</td></tr>
<tr><td>20</td><td>0.50</td><td>0.60</td><td>0.20</td><td>0.50</td></tr>
<tr><td>35</td><td>0.60</td><td>0.60</td><td>0.20</td><td>0.60</td></tr>
<tr><td>66</td><td>0.70</td><td>0.70</td><td>0.20</td><td>0.60</td></tr>
<tr><td>110</td><td>1.00</td><td>0.70</td><td>0.20</td><td>0.60</td></tr>
<tr><td>220</td><td>1.80</td><td>0.80</td><td>0.20</td><td>0.60</td></tr>
<tr><td>330</td><td>2.80</td><td>0.80</td><td>0.20</td><td>0.60</td></tr>
<tr><td>500</td><td>3.70</td><td>0.80</td><td>0.20</td><td>0.60</td></tr>
<tr><td>750</td><td>4.70</td><td>0.80</td><td>0.20</td><td>0.60</td></tr>
<tr><td>1000</td><td>6.30</td><td>0.80</td><td>0.20</td><td>0.60</td></tr>
<tr><td>±500</td><td>3.20</td><td>0.80</td><td>0.20</td><td>0.60</td></tr>
<tr><td>±800</td><td>6.60</td><td>0.80</td><td>0.20</td><td>0.60</td></tr>
<tr><td rowspan="5">绝缘托瓶架</td><td colspan="2">额定电压
kV</td><td colspan="3">最短有效绝缘长度
m</td></tr>
<tr><td colspan="2">110</td><td colspan="3">1.00</td></tr>
<tr><td colspan="2">220</td><td colspan="3">1.80</td></tr>
<tr><td colspan="2">330</td><td colspan="3">2.80</td></tr>
<tr><td colspan="2">500</td><td colspan="3">3.70</td></tr>
</table>

续表

<table>
<tr><td rowspan="5">绝缘托瓶架</td><td colspan="2">额定电压
kV</td><td colspan="2">最短有效绝缘长度
m</td></tr>
<tr><td colspan="2">750</td><td colspan="2">4.70</td></tr>
<tr><td colspan="2">1000</td><td colspan="2">6.30</td></tr>
<tr><td colspan="2">±500</td><td colspan="2">3.20</td></tr>
<tr><td colspan="2">±800</td><td colspan="2">6.60</td></tr>
<tr><td rowspan="13">绝缘操作杆</td><td>额定电压
kV</td><td>最短有效
绝缘长度
m</td><td>端部金属接头长度
m</td><td>手持部分
长度
m</td></tr>
<tr><td>10</td><td>0.70</td><td>≤0.10</td><td>≥0.60</td></tr>
<tr><td>20</td><td>0.80</td><td>≤0.10</td><td>≥0.60</td></tr>
<tr><td>35</td><td>0.90</td><td>≤0.10</td><td>≥0.60</td></tr>
<tr><td>66</td><td>1.00</td><td>≤0.10</td><td>≥0.60</td></tr>
<tr><td>110</td><td>1.30</td><td>≤0.10</td><td>≥0.70</td></tr>
<tr><td>220</td><td>2.10</td><td>≤0.10</td><td>≥0.90</td></tr>
<tr><td>330</td><td>3.10</td><td>≤0.10</td><td>≥1.00</td></tr>
<tr><td>500</td><td>4.00</td><td>≤0.10</td><td>≥1.00</td></tr>
<tr><td>750</td><td>5.00</td><td>≤0.10</td><td>≥1.00</td></tr>
<tr><td>1000</td><td>6.60</td><td>≤0.10</td><td>≥1.00</td></tr>
<tr><td>±500</td><td>3.50</td><td>≤0.10</td><td>≥1.00</td></tr>
<tr><td>±800</td><td>6.90</td><td>≤0.10</td><td>≥1.00</td></tr>
</table>

续表

电容型验电器	额定电压 kV	最短有效 绝缘长度 m	最小手柄长度 mm	接触电极 最大裸露 长度 mm
	10	0.70	115	40
	20	0.80	115	60
	35	0.90	115	80
	66	1.00	115	150
	110	1.30	115	400
	220	2.10	115	400
	330	3.10	115	400
	500	4.00	115	400
	750	5.00	115	400
	1000	6.60	115	400
绝缘夹钳	额定电压 kV	绝缘最短有效绝缘长度 m		
	10	0.7		
	35	0.9		

表 D.2　个体防护装备试验项目、周期和要求

序号	名称	项目	周期	要　求	说明
1	安全帽	冲击性能试验	按规定期限	冲击力≤4900N，帽壳不得有碎片脱落	依据《国家电网公司电力安全工作规程》，使用期限：从制造之日起，塑料帽≤2.5 年，玻璃钢帽≤3.5 年
		耐穿刺性能试验	按规定期限	钢锥不得接触头模表面，帽壳不得有碎片脱落	

续表

<table>
<tr><th>序号</th><th>名称</th><th>项目</th><th>周期</th><th colspan="3">要　求</th><th>说明</th></tr>
<tr><td>2</td><td>防护眼镜</td><td>佩戴检查</td><td>每次使用前</td><td colspan="3">不得有肉眼可见的开裂、变形，佩戴后不应有压迫鼻梁、刮擦面部及耳朵的现象</td><td>—</td></tr>
<tr><td>3</td><td>自吸过滤式防毒面具</td><td>佩戴检查</td><td>每次使用前</td><td colspan="3">以目测检查面具的完整性、气密性和滤罐有效期。面罩密合框应与佩戴者颜面密合，无明显压痛感</td><td>—</td></tr>
<tr><td rowspan="4">4</td><td rowspan="4">安全带</td><td rowspan="4">整体静负荷试验</td><td rowspan="4">1年</td><td>分类</td><td>试验力值
N</td><td>试验时间
min</td><td rowspan="4">参照 GB 6095—2009《安全带》和 GB/T 6096—2009《安全带测试方法》</td></tr>
<tr><td>围杆作业安全带</td><td>4500</td><td>2</td></tr>
<tr><td>区域限制安全带</td><td>2000</td><td>2</td></tr>
<tr><td>坠落悬挂安全带</td><td>15000</td><td>5</td></tr>
<tr><td>5</td><td>安全绳</td><td>静负荷试验</td><td>1年</td><td colspan="3">施加 2205N 静拉力，持续时间 5min</td><td rowspan="2">参照《国家电网公司电力安全工作规程》</td></tr>
<tr><td>6</td><td>连接器</td><td>静负荷试验</td><td>1年</td><td colspan="3">施加 2205N 静拉力，持续时间 5min</td></tr>
<tr><td rowspan="2">7</td><td rowspan="2">速差自控器</td><td>静负荷试验</td><td rowspan="2">1年</td><td colspan="3">将 15kN 的力加载到速差自控器上，保持 5min</td><td rowspan="2">标准来自于 GB/T 6096—2009《安全带测试方法》的4.7.3.3 和 4.10.3.4</td></tr>
<tr><td>冲击试验</td><td colspan="3">将（100±1）kg 荷载用 1m 长绳索连接在速差自控器上，从与速差自控器水平位置释放，测试冲击力峰值在（6±0.3）kN 之间为合格</td></tr>
<tr><td rowspan="2">8</td><td rowspan="2">防坠自锁器</td><td>静负荷试验</td><td>1年</td><td colspan="3">将 15kN 的力加载到导轨上，保持 5min</td><td rowspan="2">标准来自于 GB/T 6096—2009《安全带测试方法》的4.7.3.2 和 4.10.3.3</td></tr>
<tr><td>冲击试验</td><td>1年</td><td colspan="3">将（100±1）kg 荷载用 1m 长绳索连接在防坠自锁器上，从与防坠自锁器水平位置释放，测试冲击力峰值在（6±0.3）kN 之间为合格</td></tr>
</table>

续表

序号	名称	项目	周期	要　　求	说明
9	缓冲器	静负荷试验	1年	（1）悬垂状态下末端挂5kg重物，测量缓冲器端点间长度； （2）两端受力点之间加载2kN保持2min，卸载5min后检查缓冲器是否打开，并在悬垂状态下，末端挂5kg重物，测量缓冲器端点间长度； （3）计算两次测量结果差，即初始变形，精确至1mm	标准来自于GB/T 6096—2009《安全带测试方法》的4.11.2
10	安全网	检查	每次使用前	网体、边绳、系绳、筋绳无灼伤、断纱、破洞、变形及有碍使用的编织缺陷。平网和立网的网目边长不大于0.08m，系绳与网体连接牢固，沿网边均匀分布，相邻两系绳间距不大于 0.75m，系绳长度不小于0.8m；平网相邻两筋绳间距不大于0.3m	依据GB 5725—2009《安全网》
11	静电防护服	屏蔽效率试验	半年	屏蔽效率≥26dB	依据DL/T 976—2005《带电作业工具、装置和设备预防性试验规程》
12	个人保安线	成组直流电阻试验	不超过5年	在各接线鼻之间测量直流电阻，对于16mm²、25mm²的截面，平均每米的电阻值应分别不大于1.24mΩ和0.79mΩ	依据《国家电网公司电力安全工作规程》
13	脚扣	静负荷试验	1年	施加1176N静压力，持续时间5min	—
14	升降板	静负荷试验	半年	施加2205N静压力，持续时间5min	—
15	SF_6气体检漏仪	检查	每次使用前	标识清晰完整，外观无破损，自检功能正常	—

表 D.3　绝缘安全工器具预防性试验项目、周期和要求

<table>
<tr><th>序号</th><th>名称</th><th>项目</th><th>周期</th><th colspan="4">要　求</th><th>说明</th></tr>
<tr><td rowspan="9">1</td><td rowspan="9">电容型验电器</td><td>起动电压</td><td>1年</td><td colspan="4">起动电压不高于额定电压的40%，不低于额定电压的15%</td><td>依据《国家电网公司电力安全工作规程》</td></tr>
<tr><td rowspan="8">工频耐压试验</td><td rowspan="8">1年</td><td rowspan="2">额定电压
kV</td><td rowspan="2">试验长度
m</td><td colspan="2">工频电压
kV</td><td rowspan="8">依据《国家电网公司电力安全工作规程》和DL/T 976—2005《带电作业工具、装置和设备预防性试验规程》</td></tr>
<tr><td>1min</td><td>5min</td></tr>
<tr><td>10</td><td>0.4</td><td>45</td><td>—</td></tr>
<tr><td>20</td><td>0.5</td><td>70</td><td>—</td></tr>
<tr><td>35</td><td>0.6</td><td>95</td><td>—</td></tr>
<tr><td>110</td><td>1.0</td><td>220</td><td>—</td></tr>
<tr><td>220</td><td>1.8</td><td>440</td><td>—</td></tr>
<tr><td>500</td><td>3.7</td><td>—</td><td>580</td></tr>
<tr><td rowspan="15">2</td><td rowspan="15">携带型短路接地线</td><td>成组直流电阻试验</td><td>不超过5年</td><td colspan="4">在各接线鼻之间测量直流电阻，对于25mm^2、35mm^2、50mm^2、70mm^2、95mm^2、120mm^{2}的各种截面，平均每米的电阻值应分别不大于0.79mΩ、0.56mΩ、0.40mΩ、0.28mΩ、0.21mΩ、0.16mΩ</td><td>依据国家电网《国家电网公司电力安全工作规程》</td></tr>
<tr><td rowspan="14">绝缘杆工频耐压试验</td><td rowspan="14">5年</td><td rowspan="2">额定电压
kV</td><td rowspan="2">试验长度
m</td><td colspan="2">工频电压
kV</td><td rowspan="14">依据《国家电网公司电力安全工作规程》和DL/T 976—2005《带电作业工具、装置和设备预防性试验规程》</td></tr>
<tr><td>1min</td><td>5min</td></tr>
<tr><td>10</td><td>0.4</td><td>45</td><td>—</td></tr>
<tr><td>20</td><td>0.5</td><td>70</td><td>—</td></tr>
<tr><td>35</td><td>0.6</td><td>95</td><td>—</td></tr>
<tr><td>66</td><td>0.7</td><td>175</td><td>—</td></tr>
<tr><td>110</td><td>1.0</td><td>220</td><td>—</td></tr>
<tr><td>220</td><td>1.8</td><td>440</td><td>—</td></tr>
<tr><td>330</td><td>2.8</td><td>—</td><td>380</td></tr>
<tr><td>500</td><td>3.7</td><td>—</td><td>580</td></tr>
<tr><td>750</td><td>4.7</td><td>—</td><td>780</td></tr>
<tr><td>1000</td><td>6.3</td><td>—</td><td>1150</td></tr>
<tr><td>±500</td><td>3.2</td><td>—</td><td>565[a]</td></tr>
<tr><td>±800</td><td>6.6</td><td>—</td><td>895[a]</td></tr>
</table>

续表

<table>
<tr><th>序号</th><th>名称</th><th>项目</th><th>周期</th><th colspan="5">要　　求</th><th>说明</th></tr>
<tr><td rowspan="19">3</td><td rowspan="19">绝缘杆</td><td rowspan="16">工频耐压试验</td><td rowspan="16">1年</td><td rowspan="2">额定电压
kV</td><td rowspan="2">试验长度
m</td><td colspan="3">工频电压
kV</td><td rowspan="16">依据《国家电网公司电力安全工作规程》和DL/T 976—2005《带电作业工具、装置和设备预防性试验规程》</td></tr>
<tr><td>1min</td><td>3min</td><td>5min</td></tr>
<tr><td>10</td><td>0.7</td><td>45</td><td>—</td><td>—</td></tr>
<tr><td>20</td><td>0.8</td><td>70</td><td>—</td><td>—</td></tr>
<tr><td>35</td><td>0.9</td><td>95</td><td>—</td><td>—</td></tr>
<tr><td>66</td><td>0.7</td><td>175</td><td>—</td><td>—</td></tr>
<tr><td>110</td><td>1.0</td><td>220</td><td>—</td><td>—</td></tr>
<tr><td>220</td><td>1.8</td><td>440</td><td>—</td><td>—</td></tr>
<tr><td rowspan="2">330</td><td>2.8</td><td>—</td><td>380</td><td>—</td></tr>
<tr><td>3.2</td><td></td><td>—</td><td>380</td></tr>
<tr><td rowspan="2">500</td><td>3.7</td><td>—</td><td>580</td><td>—</td></tr>
<tr><td>4.1</td><td></td><td>—</td><td>580</td></tr>
<tr><td>750</td><td>4.7</td><td>—</td><td>780</td><td>—</td></tr>
<tr><td>1000</td><td>6.3</td><td>—</td><td>1150</td><td>—</td></tr>
<tr><td>±500</td><td>3.2</td><td>—</td><td>680[a]</td><td>—</td></tr>
<tr><td>±800</td><td>6.6</td><td>—</td><td>895[a]</td><td>—</td></tr>
<tr><td rowspan="2">静抗弯负荷
N</td><td rowspan="2">2年</td><td colspan="2">标称外径
28mm
及以下</td><td>标称外径
28mm 以上</td><td colspan="2">试验时间
min</td><td rowspan="2">依据 DL/T 976—2005《带电作业工具、装置和设备预防性试验规程》</td></tr>
<tr><td colspan="2">108</td><td>132</td><td colspan="2">1</td></tr>
</table>

续表

<table>
<tr><th>序号</th><th>名称</th><th>项目</th><th>周期</th><th colspan="5">要　　求</th><th>说明</th></tr>
<tr><td rowspan="6">4</td><td rowspan="6">绝缘隔板</td><td rowspan="2">表面工频耐压试验</td><td rowspan="6">1年</td><td>额定电压
kV</td><td>工频耐压
kV</td><td>持续时间
min</td><td colspan="2">电极间距
mm</td><td rowspan="7">依据《国家电网公司电力安全工作规程》</td></tr>
<tr><td>6~35</td><td>60</td><td>1</td><td colspan="2">300</td></tr>
<tr><td rowspan="4">工频耐压试验</td><td>额定电压
kV</td><td colspan="2">工频耐压
kV</td><td colspan="2">持续时间
min</td></tr>
<tr><td>6~10</td><td colspan="2">30</td><td colspan="2">1</td></tr>
<tr><td>20</td><td colspan="2">50</td><td colspan="2">1</td></tr>
<tr><td>35</td><td colspan="2">80</td><td colspan="2">1</td></tr>
<tr><td>5</td><td>绝缘绳</td><td>工频干闪试验</td><td>半年</td><td colspan="5">0.5m 施加 105kV</td></tr>
<tr><td rowspan="3">6</td><td rowspan="3">绝缘夹钳</td><td rowspan="3">工频耐压试验</td><td rowspan="3">1年</td><td>额定电压
kV</td><td>试验长度
m</td><td>工频耐压
kV</td><td colspan="2">持续时间
min</td><td rowspan="3">依据《国家电网公司电力安全工作规程》</td></tr>
<tr><td>10</td><td>0.7</td><td>45</td><td colspan="2">1</td></tr>
<tr><td>35</td><td>0.9</td><td>95</td><td colspan="2">1</td></tr>
<tr><td rowspan="3">7</td><td rowspan="3">辅助型绝缘手套</td><td rowspan="3">工频耐压试验</td><td rowspan="3">半年</td><td>额定电压
kV</td><td>工频耐压
kV</td><td>持续时间
min</td><td colspan="2">泄漏电流
mA</td><td rowspan="3">依据《国家电网公司电力安全工作规程》</td></tr>
<tr><td>低压</td><td>2.5</td><td>1</td><td colspan="2">≤2.5</td></tr>
<tr><td>高压</td><td>8</td><td>1</td><td colspan="2">≤9</td></tr>
<tr><td rowspan="10">8</td><td rowspan="10">辅助型绝缘靴（鞋）</td><td rowspan="10">工频耐压试验</td><td rowspan="10">半年</td><td>分类</td><td>额定电压 kV</td><td>工频耐压
kV</td><td>持续时间
min</td><td>泄漏电流
mA</td><td rowspan="10">依据 GB 12011—2009《足部防护 电绝缘鞋》</td></tr>
<tr><td>皮鞋</td><td>6</td><td>5</td><td>1</td><td>≤1.5</td></tr>
<tr><td rowspan="2">布面底胶鞋</td><td>5</td><td>3.5</td><td>1</td><td>≤1.1</td></tr>
<tr><td>15</td><td>12</td><td>1</td><td>≤3.6</td></tr>
<tr><td rowspan="6">绝缘靴</td><td>6</td><td>4.5</td><td>1</td><td>≤1.8</td></tr>
<tr><td>10</td><td>8</td><td>1</td><td>≤3.2</td></tr>
<tr><td>15</td><td>12</td><td>1</td><td>≤4.9</td></tr>
<tr><td>20</td><td>15</td><td>1</td><td>≤6.0</td></tr>
<tr><td>25</td><td>20</td><td>1</td><td>≤8.0</td></tr>
<tr><td>30</td><td>25</td><td>1</td><td>≤10.0</td></tr>
</table>

续表

<table>
<tr><th>序号</th><th>名称</th><th>项目</th><th>周期</th><th colspan="3">要　求</th><th>说明</th></tr>
<tr><td rowspan="3">9</td><td rowspan="3">辅助型绝缘胶垫</td><td rowspan="3">工频耐压试验</td><td rowspan="3">1年</td><td>额定电压
kV</td><td>工频耐压
kV</td><td>持续时间
min</td><td rowspan="3">依据《国家电网公司电力安全工作规程》</td></tr>
<tr><td>低压</td><td>3.5</td><td>1</td></tr>
<tr><td>高压</td><td>15</td><td>1</td></tr>
<tr><td colspan="8">a 表示直流耐压试验的加压值。</td></tr>
</table>

表 D.4　登高工器具试验项目、周期和要求

<table>
<tr><th>序号</th><th>名称</th><th>项目</th><th>周期</th><th colspan="4">要　求</th><th>说明</th></tr>
<tr><td rowspan="13">1</td><td>梯子（竹、木）</td><td>静负荷试验</td><td>半年</td><td colspan="4">施加 1765N 静拉力，持续时间 5min</td><td>依据《国家电网公司电力安全工作规程》</td></tr>
<tr><td rowspan="12">梯子（复合材料）</td><td>静负荷试验</td><td>1 年</td><td colspan="4">施加 1765N 静拉力，持续时间 5min</td><td rowspan="12">依据 DL/T 1209—2013《变电站登高作业及防护器材技术要求》</td></tr>
<tr><td rowspan="11">工频耐压试验</td><td rowspan="11">1 年</td><td rowspan="2">额定电压
kV</td><td rowspan="2">试验长度
m</td><td colspan="2">工频电压
kV</td></tr>
<tr><td>1min</td><td>3min</td></tr>
<tr><td>10</td><td>0.4</td><td>20</td><td>—</td></tr>
<tr><td>20</td><td>0.5</td><td>35</td><td>—</td></tr>
<tr><td>35</td><td>0.6</td><td>45</td><td>—</td></tr>
<tr><td>66</td><td>0.7</td><td>75</td><td>—</td></tr>
<tr><td>110</td><td>1.0</td><td>130</td><td>—</td></tr>
<tr><td>220</td><td>1.8</td><td>240</td><td>—</td></tr>
<tr><td>330</td><td>2.8</td><td>—</td><td>340</td></tr>
<tr><td>500</td><td>3.7</td><td>—</td><td>530</td></tr>
<tr><td>±500</td><td>3.2</td><td>—</td><td>520[a]</td></tr>
<tr><td>2</td><td>软梯</td><td>静负荷试验</td><td>半年</td><td colspan="4">施加 4900N 静拉力，持续时间 5min</td><td>依据《国家电网公司电力安全工作规程》</td></tr>
<tr><td colspan="9">a 表示直流耐压试验的加压值。</td></tr>
</table>

附　录　E
（规范性附录）
送电线路常用安全数据

送电线路常用安全数据见表 E.1～表 E.6。

表 E.1　钢丝绳安全系数 K

序号	工作性质及条件	K
1	用人力绞磨起吊杆塔或收紧导、地线用的牵引绳	4.0
2	用机动绞磨、卷扬机组立杆塔或架线牵引绳	4.0
3	拖拉机或汽车组立杆塔或架线牵引绳	4.5
4	起立杆塔或其他构件的吊点固定绳（千斤绳）	4.0
5	各种构件临时用拉线	3.0
6	其他起吊及牵引用的牵引绳	4.0
7	起吊物件的捆绑钢丝绳	5.0

表 E.2　钢丝绳动荷系数 K_1

序号	启动或制动系统的工作方法	K_1
1	通过滑车组用人力绞车或绞磨牵引	1.1
2	直接用人力绞车或绞磨牵引	1.2
3	通过滑车组用机动绞磨、拖拉机或汽车牵引	1.2
4	直接用机动绞磨、拖拉机或汽车牵引	1.3
5	通过滑车组用制动器控制时的制动系统	1.2
6	直接用制动器控制时的制动系统	1.3

表 E.3 钢丝绳不均衡系数 K_2

序号	可能承受不均衡荷重的起重工具	K_2
1	用人字抱杆或双抱杆起吊时的各分支抱杆	1.2
2	起吊门型或大型杆塔结构时的各分支绑固吊索	
3	利用两条及以上钢丝绳牵引或起吊同一物体的绳索	

表 E.4 钢制滑轮上工作的抗扭钢丝绳中断丝根数的报废标准（适用于外层为 4 股的方形钢丝绳）

钢丝绳必须报废时与疲劳有关的可见断丝数	
长度范围	
＞6d	＞30d
2	4

注 1：一根断丝可能有两处可见端。

注 2：d 为钢丝绳公称直径。

表 E.5 钢丝绳达到报废标准的可见断丝数

外层绳股承载钢丝绳数 n	钢丝绳典型结构示例	钢丝绳必须报废时与疲劳有关的可见断丝数			
		交互捻		同向捻	
		长度范围			
		＞6d	＞30d	＞6d	＞30d
n≤50	6×7	2	4	1	2
51≤n≤75	6×19	3	6	2	3
76≤n≤100	—	4	8	2	4
101≤n≤120	8×19	5	10	2	5
121≤n≤140	—	6	11	3	6
141≤n≤160	8×25	6	13	3	6
161≤n≤180	6×36WS*	7	14	4	7

续表

外层绳股承载钢丝绳数 n	钢丝绳典型结构示例	钢丝绳必须报废时与疲劳有关的可见断丝数			
		交互捻		同向捻	
		长度范围			
		$>6d$	$>30d$	$>6d$	$>30d$
$181 \leqslant n \leqslant 200$	—	8	16	4	8
$201 \leqslant n \leqslant 220$	6×41WS*	9	18	4	9
$221 \leqslant n \leqslant 240$	6×37	10	19	5	10

注 1：多层绳股钢丝绳仅考虑可见的外层。

注 2：统计绳中的可见断丝数，圆整至整数值。对外层绳股的钢丝直径大于标准直径的特定结构的钢丝绳，在表中做降低等级处理，并以*号表示。

注 3：一根断丝有两处可见端，按一根断丝计算。

注 4：d 为钢丝绳公称直径。

表 E.6　钢丝绳端部固定用绳夹的数量

钢丝绳直径 mm	6～16	17～27	28～37	38～45
绳卡数量 个	3	4	5	6

附　录　F

（规范性附录）

起重机具检查和试验周期、质量参考标准

起重机具检查和试验周期、质量参考标准

编号	起重工具名称	检查与试验质量标准	检查与试验周期
1	白棕绳、纤维绳	检查：绳子光滑、干燥，无磨损现象。 试验：以2倍容许工作荷重进行10min的静力试验，不应有断裂和显著的局部延伸现象	每月检查一次； 每年试验一次
2	钢丝绳（起重用）	检查： （1）绳扣可靠，无松动现象。 （2）钢丝绳无严重磨损现象。 （3）钢丝断裂根数在规程规定限度以内。 试验：以2倍容许工作荷重进行10min的静力试验，不应有断裂和显著的局部延伸现象	每月检查一次（非常用的钢丝绳在使用前应进行检查）； 每年试验一次
3	合成纤维吊装带	检查：吊装带外部护套无破损，内芯无断裂。 试验：以2倍容许工作荷重进行12min的静力试验，不应有断裂现象	每月检查一次； 每年试验一次
4	铁链	检查： （1）链节无严重锈蚀，无磨损。 （2）链节无裂纹。 试验：以2倍容许工作荷重进行10min的静力试验，链条不应有断裂、显著的局部延伸及个别链节拉长等现象	每月检查一次； 每年试验一次
5	葫芦（绳子滑车）	检查： （1）葫芦滑轮完整灵活。 （2）滑轮吊杆（板）无磨损现象，开口销完整。 （3）吊钩无裂纹、变形。 （4）棕绳光滑无任何裂纹现象（如有损伤须经详细鉴定）。 （5）润滑油充分。 试验： （1）新安装或大修后，以1.25倍容许工作荷重进行10min的静力试验后，以1.1倍容许工作荷重作动力试验，不应有裂纹、显著局部延伸现象。 （2）一般的定期试验，以1.1倍容许工作荷重进行10min的静力试验	每月检查一次； 每年试验一次

续表

编号	起重工具名称	检查与试验质量标准	检查与试验周期
6	绳卡、卸扣等	检查：丝扣良好，表面无裂纹。 试验：以2倍容许工作荷重进行10min的静力试验	每月检查一次；每年试验一次
7	电动及机动绞磨（拖拉机绞磨）	检查： （1）齿轮箱完整，润滑良好。 （2）吊杆灵活，铆接处螺丝无松动或残缺。 （3）钢丝绳无严重磨损现象，断丝根数在规程规定范围以内。 （4）吊钩无裂纹变形。 （5）滑轮滑杆无磨损现象。 （6）滚筒突缘高度至少应比最外层绳索的表面高出该绳索的一个直径，吊钩放在最低位置时，滚筒上至少剩有5圈绳索，绳索固定点良好。 （7）机械转动部分防护罩完整，开关及电动机外壳接地良好。 （8）卷扬限制器在吊钩升起距起重构架300mm时自动停止。 （9）荷重控制器动作正常。 （10）制动器灵活良好。 试验： （1）新安装的或经过大修的以1.25倍容许工作荷重升起100mm进行10min的静力试验后，以1.1倍容许工作荷重作动力试验，制动效能应良好，且无显著的局部延伸。 （2）一般的定期试验，以1.1倍容许工作荷重进行10min的静力试验	6个月检查一次，第（3）项使用前应进行检查，第（7）～（10）项每月检查一次；每年试验一次
8	千斤顶	检查： （1）顶重头形状能防止物件的滑动。 （2）螺旋或齿条千斤顶，防止螺杆或齿条脱离丝扣的装置良好。 （3）螺纹磨损率不超过20%。 （4）螺旋千斤顶，自动制动装置良好。 试验： （1）新安装的或经过大修的，以1.25倍容许工作荷重进行10min的静力试验后，以1.1倍容许工作荷重作动力试验，结果不应有裂纹，显著局部延伸现象。 （2）一般的定期试验，以1.1倍容许工作荷重进行10min的静力试验	每年检查一次；每年试验一次

续表

编号	起重工具名称	检查与试验质量标准	检查与试验周期
9	吊钩、卡线器、双钩、紧线器	检查： （1）无裂纹或显著变形。 （2）无严重腐蚀、磨损现象。 （3）转动部分灵活、无卡涩现象。 试验：以 1.25 倍容许工作荷重进行 10min 的静力试验，用放大镜或其他方法检查，不应有残余变化、裂纹及裂口	半年检查一次； 每年试验一次
10	抱杆	检查： （1）金属抱杆无弯曲变形、焊口无开焊。 （2）无严重腐蚀。 （3）抱杆帽无裂纹、变形。 试验：以 1.25 倍容许工作荷重进行 10min 的静力试验	每月检查一次、使用前检查； 每年试验一次
11	其他起重工具	试验：以≥1.25 倍容许工作荷重进行 10min 的静力试验（无标准可依据时）	使用前检查； 每年试验一次

注 1：新的起重设备和工具，允许在设备证件发出日起 12 个月内无须重新试验。

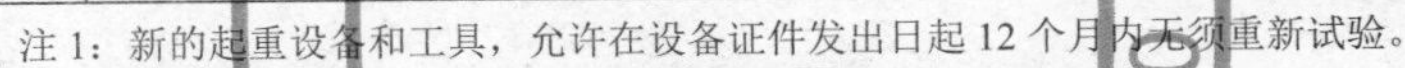

注 2：机械和设备在大修后应试验，而不应受预防性试验期限的限制。

起草人　胡庆辉　刘亨铭　杨　军　吕洪林

张鉴爕　吴濡生　孙向东　崔锦瑞

项玉华　陈　钢　张　雷　丁志龙

王金龙　杜　增　卢　波　鲍　庆

夏拥军　倪　锦　杨小静　张瑞强

王　闯　王军亮　罗　迅　严健勇

贺　虎　胡　翔　仲　阳　何　辉

徐　奋　杜光跃　肖　磊　严志刚

聂　琼

审核人　单业才　尹昌新　张建功

批准人　栾　军